孙 长

1962年毕业于清华大学，后被分配到中国电子科技集团第54研究所工作至今。其间，从事军事通信设备研制和通信系统总体工程设计；领导创建了电信网络专业和数字家庭专业；出版电信科技著作13部。1995年当选中国工程院院士。现任，国防电信网络重点实验室科技委主任；兼任，中央军委科技委顾问。

· 孙玉院士技术全集 ·

中国工程院院士文集

数字网专用技术

◎ 孙 玉 编著

人民邮电出版社

北 京

图书在版编目（CIP）数据

数字网专用技术 / 孙玉编著. -- 北京 : 人民邮电
出版社，2017.9
（孙玉院士技术全集）
ISBN 978-7-115-44674-9

Ⅰ. ①数… Ⅱ. ①孙… Ⅲ. ①数字网络体系 Ⅳ.
①TP393

中国版本图书馆CIP数据核字(2017)第231998号

内 容 提 要

本书对数字复接、线路集中、话音内插、局钟系统、帧调整、速率适配、复用转换、缩码变换、传输码型、回波控制、扰码以及用户二线双向数字传输等数字网专用技术，从基本概念、技术原理、典型应用、国际标准和发展趋势等方面做了简要介绍。

本书可以作为从事数字通信网规划、研究、设计及维护的专业人员的入门参考资料，也可供大专院校电信专业师生阅读参考。

◆ 编　著　孙　玉
　　责任编辑　杨　凌
　　责任印制　彭志环

◆ 人民邮电出版社出版发行　　北京市丰台区成寿寺路 11 号
　　邮编　100164　电子邮件　315@ptpress.com.cn
　　网址　http://www.ptpress.com.cn
　　北京天宇星印刷厂印刷

◆ 开本：700×1000　1/16　　　彩插：1
　　印张：17.25　　　　　　　2017 年 9 月第 1 版
　　字数：300 千字　　　　　　2017 年 9 月北京第 1 次印刷

定价：98.00 元
读者服务热线：**(010)81055488**　印装质量热线：**(010)81055316**
反盗版热线：**(010)81055315**

《中国工程院院士文集》总序

　　二〇一二年暮秋，中国工程院开始组织并陆续出版《中国工程院院士文集》系列丛书。《中国工程院院士文集》收录了院士的传略、学术论著、中外论文及其目录、讲话文稿与科普作品等。其中，既有早年初涉工程科技领域的学术论文，亦有成为学科领军人物后，学术观点日趋成熟的思想硕果。卷卷《文集》在手，众多院士数十载辛勤耕耘的学术人生跃然纸上，透过严谨的工程科技论文，院士笑谈宏论的生动形象历历在目。

　　中国工程院是中国工程科学技术界的最高荣誉性、咨询性学术机构，由院士组成，致力于促进工程科学技术事业的发展。作为工程科学技术方面的领军人物，院士们在各自的研究领域具有极高的学术造诣，为我国工程科技事业发展做出了重大的、创造性的成就和贡献。《中国工程院院士文集》既是院士们一生事业成果的凝练，也是他们高尚人格情操的写照。工程院出版史上能够留下这样丰富深刻的一笔，余有荣焉。

　　我向来以为，为中国工程院院士们组织出版《院士文集》之意义，贵在"真善美"三字。他们脚踏实地，放眼未来，自朴实的工程技术升华至引领学术前沿的至高境界，此谓其"真"；他们热爱祖国，提携后进，具有坚定的理想信念和高尚的人格魅力，此谓其"善"；他们治学严谨，著作等身，求真务实，科学创新，此谓其"美"。《院士文集》集真善美于一体，辩而不华，质而不俚，既有"居高声自远"之澹泊意蕴，又有"大济于苍生"之战略胸怀，斯人斯事，斯情斯志，令人阅后难忘。

　　读一本文集，犹如阅读一段院士的"攀登"高峰的人生。让我们翻开《中国工程院院士文集》，进入院士们的学术世界。愿后之览者，亦有感于斯文，体味院士们的学术历程。

徐匡迪

二〇一二年

全集序言

20 世纪 70 年代后期，我国的通信网开始模/数转换，当时国内自行研制的 PCM 基群设备和二次群数字复接设备先于国外引进的产品在国内试验并应用，打破了国外的技术封锁。我与孙院士相识也是从那时开始，孙院士在这之前就成功主持了我国第一代散射数字传输系统和第一套 PDH 数字复接设备的研制，我当时负责 PCM 基群复用设备的研制和试验。PCM 基群与 PDH 数字复接设备分属一次群与二次群，在网络上是上下游的关系，我们连续几年一起参加国际电信联盟（ITU）数字网研究组的标准化会议，后来在各自的工作中又有不少的联系，从中了解了他的学识，也学习了他的做人准则。他在通信工程方面有非常丰富的经验，他对通信网的理解、对通信标准的掌握和治学精神的严谨一直为我所敬佩，他勤于思考和积极探索，善于总结和举一反三，乐于诲人和提携后进，与他共事受益不浅。在这之后他又相继研制成功数字用户程控交换机、ISDN 交换机、B-ISDN 交换机及相应的试验网，还主持研制成功接入网和用户驻地网网络平台，并将上述成果应用到专用通信网和民用通信工程中，很多研发工作都是国内首次完成。

孙玉院士将研发体会写成著作交由人民邮电出版社出版，他的著作如同他的科技成果一样丰硕，从 20 世纪 80 年代初的《数字复接技术》一书开始，陆续出版了《数字网传输损伤》、*PDH for Telecommunications Network*、《数字网专用技术》《电信网络总体概念讨论》《电信网络安全总体防卫讨论》《应急通信技术总体框架讨论》《数字家庭网络总体技术》《电信网络中的数字方法》和《孙玉院士技术报告文集》，其中《数字复接技术》与《数字网传输损伤》两本书还都出了修订本。这些论著所涉及的领域或视角在当时为国内首次出版。他鼓励我将科研成果也写成书出版，既可将宝贵的经验与同行共享，也是自身对专业认识的深化过程。我写过一本书，深感要写出自己满意且读者认可的书非要下苦功不可。孙玉院士难能可贵的是笔耕三十年，著作十余本，网聚新技术，敢为世人先。这一系列专著覆盖了电信网的诸多方面，每一本既独立成书但又彼此关联，虽然时间跨度几十年，但就像一气呵成那样连贯，这些著作体现了他的一贯风格，概念清晰准确，思路层次分明，理论与实践结合，解读深入浅出。这些论著在写作上以电信网系统工程为主线，突出了总体设计思想和方法，既有严格的电信标准规范，又有创新性的解决方案，学术思想寓于工程应用中，兼具知识性与实用性，不论是对电信工程师还是相关专业的高校师生都不无裨益，在我国电信网的建设中发挥了重要作用。电信网技术演进很快，但这一系列著作所论述的设计思想及方法论对今后网络发展的认识仍有很好的指导意义，人民邮电出版社提议出版孙玉院士著作全集，更便于广大读者对电信网全局和系统性的了解，这是电信界的一件好事，并得到了中国工程院院士文集出版工作的大力支持，我期待这一全集的隆重问世。

中国工程院院士

2017 年 6 月于北京

全集出版前言

1962—1995 年期间，我在科研生产第一线，有幸参加了我国电信技术数字化的全过程。其间根据科研工作进程的需要，也是创建电信网络专业的需要，我逐年编写并出版了一些著作。

1. 专著《数字复接技术》，人民邮电出版社出版，1983 年第一版；1991 年修订版；1994 年翻译版 *PDH for Telecommunication Network*，IPC.Graphics.U.S.A。这是我 1970—1980 年期间，从事复接技术研究的工作总结。其中提出了准同步数字体系（PDH）数字复用设备的国际通用工程设计方法。令我欣慰的是，这本书居然存活了十余年，创造并保持着人民邮电出版社科技专著销量纪录，让我在我国电信技术界建立了广泛的友谊。

2. 编著《数字网传输损伤》，人民邮电出版社出版，1985 年第一版；1991 年修订版。这是我 1970—1980 年期间，出于电信网络总体工程设计需要，参考国际电信联盟（ITU）文献，编写的工具书。为了便于应用，其中澄清了一些有关传输损伤的基本概念。

3. 编著《数字网专用技术》，人民邮电出版社 1988 年出版。这是为我的硕士研究生们编写的专业科普图书，介绍了一些当时出现不久的技术概念和原理。显然，无技术水平可言。

1995 年之后，我退居科研生产第二线，转入技术支持工作。其间，根据当时的技术问题，以及培育学生和理论研究的需要，我逐年编写并出版了一些著作。

4. 编著《数字家庭网络总体技术》，电子工业出版社 2007 年出版。这是我 2006—2009 年期间，受聘国家数字家庭应用示范产业基地（广州）技术顾问，为广州基地编写的培训教材。其中提出了数字家庭第二代产业目标——家庭网络平台和多业务系统，被基地和工信部接受。

5. 专著《电信网络总体概念讨论》，人民邮电出版社 2008 年出版。这是我 2005—2008 年期间，从事电信网络机理研究的总结。在我从事电信科研 30 多年之后发现，电信网络技术作为已经存在 160 多年、支撑着遍布全球电信网络的基础技术，居然尚未澄清电信网络机理分类，而且充满了概念混淆。我试图讨论这些问题。其中，澄清了电信网络的形成背景；电信网络技术分类；电信网络机理分类及其属性分析。但是，当我得出电信网络资源利用效率的数学结论时，竟然与我的物理常识大相径庭。为此，我在全国知名电信学府和研究院所做了 50 多场讲座，主要目的是请同行指点我的理论是否有误。这是我的代表著作，令我遗憾的是，这是一本未竟之作。书名称为"讨论"，是期盼后生能够接着讨论这个问题。

6. 编著《电信网络安全总体防卫讨论》，人民邮电出版社 2008 年出版。这是 2004—2005 年期间，我在国务院信息办参加解决"非法插播和电话骚扰问题"时编写的总结报告，经批准出版。其中提出了网络安全的概念；建议主管部门不要再利用通信卫星广播电视信号；建议国家发射广播卫星；建议国家建设信源定位系统。这本书曾经令同行误认为我懂得网络安全。其实，我仅仅经历了半年时间，参与解决上述特定问题。

7. 编著《应急通信技术总体框架讨论》，人民邮电出版社 2009 年出版。这是 2008—2009 年期间，在汶川地震前后，我参加国家应急通信技术研究时编写的技术报告。希望澄清应急通信总体概念，然后开展科研工作。可惜，我未能参与后续的工作。

8. 编著《电信网络技术中的数学方法》，人民邮电出版社 2017 年出版。我国电信界普遍认为，在电信技术中应用数学方法非常困难，同时，也看到一旦利用数学方法解决了问题，就会取得明显的工程效果。2009 年我曾建议人民邮电出版社出版《电信技术中的数学方法丛书》。所幸，一经提出就得到了人民邮电出版社和电信同仁的广泛支持。本书作为这套丛书的"靶书"，仅供同行讨论，以寻求编写这套丛书的规范。我认为数学方法对于电信技术的发展和人才的培养具有特殊的意义，我期待着这套丛书出版。

9. 编著《孙玉院士技术报告文集》，人民邮电出版社 2017 年出版。这是我历年技术报告的代表性文本，其中，主要是近年来关于研制和推广应用物联网的相关报告。这些报告多数属于科普报告，主要反映了我对于我国国民经济信息化的期望。

上述著作，出版时间跨越整整 34 年，电信科技内容覆盖了我 50 多年的科研历程。可见，这几本书基本上是一叠陈年旧账。然而，人民邮电出版社决定出版这套全集，也许，他们认为，这套全集大体上能够从电信技术出版业角度，反映出我国电信技术的发展历程；反映出我们这一代电信工程师的工作经历；同时，也反映了与我们同代的电信科技书刊编辑们的奉献。也许，他们认为，作为高技术中的基础学科，电信技术的某些理论和技术成就仍然起着支撑和指导作用。如实而言，不难发现，在我国现实、大量信息系统工程设计中，涉及信息基础设施（电信网络）设计，普遍存在概念性、技术性、机理性甚至常识性错误。我们国家已经走过生存、发展历程，正在走向强大。在我国电信领域，不仅需要加强技术研究（如 "863" 计划），而且需要加强理论研究（如 "973" 计划）。期待我国年轻的电信科技精英们，特别是年轻有为的院士们，能够编撰出更好、更多的电信科技著作。

2017 年 6 月于中国电子科技集团公司第 54 研究所

前　言

　　本书原稿是 1981—1986 年为石家庄通信测控技术研究所数字网专业硕士研究生准备的讲义，编写的目的是为他们补充有关数字网专用技术的基础知识。现经整理以《数字网专用技术》书名出版。

　　这是一本数字网专业入门书，对数字复接、线路集中、话音内插、局钟系统、帧调整、速率适配、复用转换、编码变换、传输码型、传输扰码、回波控制、扰码以及用户二线双向数字传输等数字网专用技术，从基本概念、技术原理、典型应用、国际标准和发展趋势等方面做了简要介绍。

　　从最近几年来我所工作及报考我所硕士研究生的电信专业大学毕业生的专业知识面来看，多数人对数字网专用技术方面的知识比较陌生；从国内交流中也可感受到，近年转入数字网规划、研究、设计、维护和管理的一些工程师们，对于这方面的知识似乎也不甚熟悉。如果这种印象大体不错并有一定普遍性的话，本书所提供的内容也许会起到某些参考作用。

　　在编写本书的过程中，陈俊璧高级工程师等同志提出了不少宝贵意见；冀克平等研究生给予了多方协助，在此顺致谢意。

于石家庄通信测控技术研究所

1986 年 4 月 14 日

目　　录

第1章 概　　述

1.1　数字网设备分类

提到数字网设备，人们自然会想到那些令人注目的、也是比较熟悉的设备，例如，各种数字传输系统、各种数字程控交换机以及各种用户终端设备。数字传输系统用于数字信号传输；数字程控交换机用于数字信号交换。数字传输系统和数字交换机构成了数字网主体；用户终端设备用来建立数字通信网与人类之间的联系，使得通信网能够有效地为人类服务。关于这3类设备，作为设备类别，是国际上早已公认了的。

图 1-1 给出了一种典型的数字连接。从图中可以看出，这种典型数字连接是由数字传输系统、数字交换机、数字电话机（用户终端设备）、数字复接器、帧调整器和局钟设备组成的。即除了上述数字传输系统、数字程控交换机和用户终端这3类设备之外，还有数字复接器、帧调整器和局钟设备等其他专用设备，这些专用设备不属于上述3类设备中的任何一类。

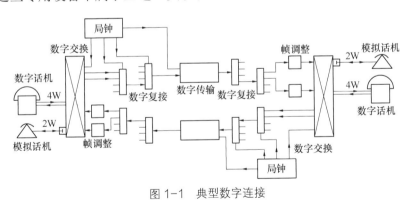

图 1-1　典型数字连接

一般说来，为了把数字传输系统、数字程控交换机及用户终端联成网络，为了使数字网运行更有效，为了使不同类型的电信网络相互沟通，都要用到各式各样的专用设备。这些专用设备有的是组网不可缺少的，有的是对改善网络功能特别有效的。在这些种类繁多的数字网专用设备之中，有一些习惯上称为数字设备，有一些可以称为网络终端，有一些则没有明确的类别名称。总之，关于这些专用设备，国际上至今尚未做出明确的分类和定义。

本书把除了数字传输、数字交换和用户终端这 3 类设备之外的全部数字网有关设备暂时统称为数字网专用设备。此处这样称呼仅仅出于介绍相关的专用技术方便考虑，最终将以 CCITT 有关电信设备统一分类和定义为准。本书把实现上述数字网专用设备的相关技术称为数字网专用技术。数字通信网工程一般都要用到这些种类繁杂，涉及面又相当广泛的数字网专用技术，而目前尚无相应的合适著述。本书的任务就是把这些看来是彼此无关，但是在工程上却要同时配合应用的各项专用技术，综合到一起，形成一本专门的文献。确切地说，本书就是概要介绍除了数字传输技术、数字交换技术和用户终端技术以外的一些数字网专用技术。在这些数字网专用技术之中，凡是已有专门著作论述过的，本书不再重复。

1.2 数字网专用技术的分类

依功能差别，可以把数字网专用技术分为 4 类，即传输效率类、网同步类、损伤控制类和兼容互通类技术。

1. 传输效率类专用技术

这类数字网专用技术的共同功能是提高传输效率，其中包括数字复接技术、线路集中技术、话音内插技术和容量倍增技术。这 4 种传输效率类专用技术的功能简图见图 1-2。

众所周知，在一对实线上，如果不采取什么特别措施，同时只能传输一路信号；如果采用数字复接技术，即采用时分复用技术，每路信号分别固定占用确定时隙，就可以同时传送 m 路信号（其中 $m > 1$）；如果采用线路集中技术，即根据需要分配时隙，哪路需要就分给它确定时隙，用完之后再把这个时隙分给别的话路使用，这样就可以为 C 对用户提供服务（其中 $C > m$）；如果采用话音内插技术，即把全部复用时隙的通话间断空隙都利用起来，就可以同时传送 I 路信号（其中 $I > m$）。显然，把这 3 种技术结合起来使用，还可以进一步提高传输效率。

上述情况是在单个话路编码速率一定的前提下，通过充分利用复用时隙来提高传输效率。如果能把单个话路编码速率降低（同时保证传输话音质量不劣化），确定的传输系统就会增加话路容量。例如，2048kbit/s 传输系统对于 64kbit/s PCM

话路信号能传 30 路，对于 32kbit/s ADPCM 话路信号就能传 60 路。这种能把 64kbit/s PCM 信号变成 32kbit/s ADPCM 信号的技术，就是传输容量倍增技术。

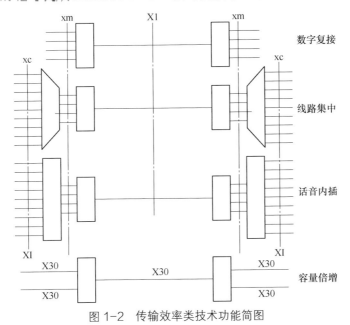

图 1-2　传输效率类技术功能简图

2. 网同步类专用技术

这类数字网专用技术的共同功能是实现全数字网的网络同步，其中包括局钟技术和帧调整技术。它们的功能简图见图 1-3。

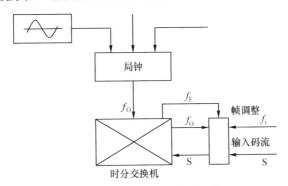

图 1-3　网同步专用技术功能简图

局钟系统为网络节点设备（数字交换机或同步复接器）提供规定频率及容差的基准时钟；帧调整器对来自其他网络节点的输入码流进行钟频和帧延时调整，实现帧同步。局钟技术与帧调整技术结合，共同完成网同步功能。

3. 兼容互通类专用技术

兼容功能是指数字网与模拟网之间的沟通能力。互通是指采用不同制式的数字网之间的沟通能力。本书准备介绍一种兼容技术和 4 种互通技术，它们的功能简图见图 1-4。

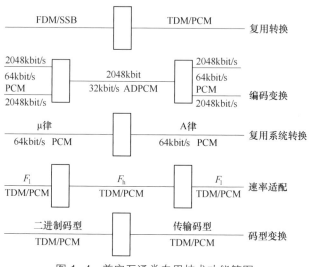

图 1-4 兼容互通类专用技术功能简图

复用转换技术是一种模拟群信号与数字群信号之间的兼容技术。通过这种群变换，可以把模拟群信号变成路数相同的数字群信号；也可以把数字群信号变成路数相同的模拟群信号。

第一种互通技术是 64kbit/s PCM 话音编码与 32kbit/s ADPCM 话音编码之间的变换互通技术；第二种互通技术是 A 律 PCM 话音编码与 μ 律 PCM 话音编码之间的变换互通技术，这两种变换互通都是以群路方式进行的。利用这两种互通技术就可以把国际长途电话网中的 3 种标准话音编码（即 A 律 64kbit/s PCM、μ 律 64kbit/s PCM 和 32kbit/s ADPCM）沟通起来。

第三种互通技术是速率适配技术，它可以把较低速率的信号与较高速率容量的通路适配起来进行正常传输；第 4 种互通技术是接口码型变换技术，即实现标准二进制信号码型与各种传输码型之间的码型变换，以适应数字传输或数字信号处理的要求，这两种互通变换都是以单路形式进行的。

4. 损伤控制类专用技术

损伤控制有 3 层含义：其一是设法使得数字连接的各个环节，尽可能少产生传输损伤；其二是对于已经出现的传输损伤，设法减轻损伤程度；其三是对于已经出现的传输损伤，设法减轻对电信业务产生的实际影响。针对第一层含义，本书准备介绍扰码技术；针对第二层含义，已有专门著作（如纠错编码、去抖动技术等），此处不再重复介绍；针对第三层含义，准备介绍回波控制技术。图 1-5 给出了这两种专用技术的功能示意图。

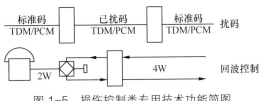

图 1-5　损伤控制类专用技术功能简图

扰码技术使得传输码流随机化，通过改善码流的比特序列独立性，从而增强码流的抗误码和抗抖动损伤的能力；回波控制技术的功能是在长传输时延的情况下，降低回波的有害作用。

本书最后还要介绍一种综合性的数字网专用技术，这就是用户二线双向数字传输技术。这项技术不便纳入上述任何一类之中，其可以利用现存用户二线环路实现全双工数字传输。

1.3　数字网专用技术的特点

（1）每一种专用技术都可以实现一种特定的功能。例如：数字复接技术能把若干低速码流合并成为一个高速码流，以便高效率传输；帧调整技术对输入群码流实施帧调整，为数字时分交换提供必要条件。每种数字网专用技术实现的特定功能，在数字网中都是不可缺少的，或者能显著改善数字网的功能。

（2）这些应用技术与新的基础理论或新的基础技术关系密切，这些应用技术通常都要用到锁相技术、自适应控制技术、数字信号处理技术、帧编址技术、信号识别技术等。这些较新的基础理论和技术，往往首先在数字网专用技术中得到应用。

（3）这些数字网专用技术普遍与大规模集成电路技术关系密切。例如，复用转换技术和回波消除技术，都要用到复杂的数字信号处理。如果没有大规模和超大规模集成电路，这些专用技术就不可能得到推广应用。只有建立在新工艺和新器件基础之上，实现这些专用技术的相应设备，在经济性和可靠性等方面才能为工程所接受。

（4）数字网专用技术种类繁多，实现这些专用技术的设备规模也相差悬殊。例如，数字复接系列设备可能占用几个机架，而速率适配设备可能是一块插件，也可能是一块集成电路。即使是数字复接器，也存在多种多样的具体设备，也可能采用各式各样的具体复接技术。具体实现技术种类繁多是数字网专用技术的显著特点之一。

（5）在数字网中，各种数字网专用技术通常都要大量重复使用。例如，凡是高速数字传输系统都要与数字复接系列设备联合使用；凡是远程电路（特别是卫星电路），都要用到回声控制技术设备；在从模拟网向数字网过渡时期，要大量重复使用用户二线双向数字传输技术。重复使用各种专用技术设备，是数字网中的普遍现象。

（6）数字网专用技术发展演变迅速。随着数字网新体制、新基础理论和新集成电路工艺的发展，不断出现新的数字网专用技术。在这些新技术之中，有一些为数字网提供更新的功能或更便宜的设备，有一些则替代原有的相关技术，使得过时的专用技术逐渐被淘汰。例如，回声消除器比回声抑制器性能更好，使用更方便，因而回声消除技术将逐步替代回声抑制技术。就回声消除器的具体实现技术而言，它也是在不断发展，不断更替具体实现方案。这种技术上的新陈代谢，在数字网专用技术中体现得相当明显。

（7）数字网专用技术与数字网技术标准化关系密切。由于数字网专用技术设备种类繁多、涉及面广和重复性大，因此各种专用技术设备的标准化程度，对于数字网整体的性能和费用的影响至关重要。这大概就是 CCITT 对于各种专用技术设备的标准化特别关注的原因。目前，几乎每种数字网专用技术设备都有一个甚至几个相关的 CCITT 建议，有的技术设备（如码变换器）在专题研究阶段就开始研究制订国际标准。这足以说明数字网专用技术设备与国际标准之间关系密切的程度。

第2章 数 字 复 接

2.1 数字复接问题

在数字通信网中，为了提高传输系统的传输效率，通常需要把若干个低速数字信号合并成为一个高速数字信号，然后再经过数字传输系统传输。待到达目的地之后，再把这个高速数字传输信号分解还原成为相应的低速数字信号。这样，一条高速数字通道就等效地起到了多条低速数字通道的作用，从而提高了传输系统的传输效率。

在发送端把多个低速数字信号合并成为一个高速数字信号的设备称为数字复接器（Digital Multiplexer）；在接收端把这个高速数字信号分解还原成为相应低速数字信号的设备称为数字分接器（Digital Demultiplexer）。通常，数字复接器和数字分接器是成对使用的，而且把这两个分机装在同一个机架之内，并简称数字复接器。

图 2-1 给出了数字复接器构成的简图。数字复接器是由定时单元、调整单元和同步复接单元组成的；数字分接器是由帧同步单元、定时单元、同步分接单元和恢复单元组成的。复接器的定时单元受内部时钟或外部时钟控制，产生复接需要的各种定时控制信号；调整单元受定时单元控制，对各个输入支路信号进行频率和相位调整，使之适合参与同步复接；同步复接单元也受定时单元控制，对各个已经调整好的支路信号实施同步复接，形成一个高速合路数字信号。合路数字信号和相应的时钟同时送给分接器。合路数字信号中包含帧同步信号、各支路信息信号以及其他勤务和控制信号。分接器的定时单元受合路时钟控制，因此它的工作节拍是与复接器定时单元同步的。分接器定时单元产生的各种控制信号与复接器定时单元产生的各种控制信号是类似的；同步单元从合路数字信号中提出帧定位信号，用它再去控制分接器定时单元，这样，分接器定时单元产生的各种控制信号就与帧定位信号保持确定的相位（或时间）关系。分接单元受分接定时单元控制，把合路信息信号分解为支路信息信号；恢复单元也受分接器定时单元控制，把各个分解出来的支路信息信号恢复成为各个支路信号，这样就完成了一个复接与分接过程。从整个复接与分接设备系统来看，两

个定时单元是对应的；调整与恢复单元是对应的；复接与分接单元是对应的。

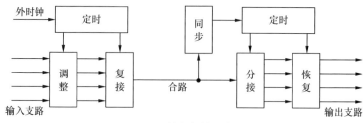

图 2-1　数字复接器简图

从时分多路通信原理可知，在复接单元的输入端上，各个参与复接的支路数字信号必须是同步的，否则不能直接实现数字复接。此处同步的含义是，各个支路数字信号的有效瞬间与复接定时单元产生各种控制信号的有效瞬间必须保持确定的时间关系。但是，在实际工程应用中，出现在各调整单元输入端上的支路数字信号相对于复接控制信号不一定保持理想同步关系。例如，每个支路数字信号的时钟不一定出自同一个频率源。即使同出一源，各自经历不同的传输系统传输，到达此处所受的抖动和漂移损伤也可能是不一样的。如果每个参与复接的支路信号与复接定时同出一个频率源，那么复接调整单元只需对各个支路信号进行相位调整，即吸收掉各自的抖动和漂移损伤，就可以实施同步复接，这种复接器称为同步复接器。如果每个参与复接的支路信号与复接定时不是出于一个频率源，就不能用同步复接器来合并这类支路数字信号。如果上述各个支路信号的时钟虽然不是同出一源，但是有一样的标称速率，即各个输入支路数字信号的生效瞬间相对于复接定时信号是以同一标称速率出现的，而各自速率的任何变化都被限制在规定的容差范围之内，则合并这种支路信号的复接器称为准同步复接器。如果上述各个支路信号的时钟不是同出一源，而且又没有统一的标称频率或相应的数量关系，那么合并这类支路信号的复接器称为异步复接器。

上述 3 类复接器都有实用价值，但是适用场合不同。工程上，在比较小的区域之内，或者网络结构比较简单的情况下，技术上比较容易分配统一的时钟，经济上也合算，这种场合适于采用同步复接器。这种复接器设备比较简单，效率也比较高（98%）。但在比较大的区域之内，或者网络结构比较复杂的情况下，分配时钟存在技术困难，经济代价也难以接受，这种场合适于采用准同步复接器。这种复接器比同步复接器复杂一些，设备量约增加 15%，效率与前者相差无几（98%）。目前实现的典型异步复接技术效率较低（30%），因此不适用于数字电话网或其他高速数字网中。但是，这种技术却适合在数据网中应用。在数据网中，传输速率普遍较低，效率不是主要问题。由于异步复接器设备相当简单,所以大量应用则可获得经济好处。

本章分同步复接、准同步复接、国际标准和工程应用四部分来介绍数字复接器的基础知识。

2.2 同步复接

在前面已经说明,如果各输入支路数字信号与复接器的相应定时信号是彼此同步的,那么只需要相位调整,有时甚至无须任何调整,就可以实现数字复接,这就是同步复接。下面将从同步复接工作原理、帧结构和帧定位三方面来介绍同步复接。

1. 工作原理

图 2-1 已经给出了数字复接器构成简图。如果把调整单元和恢复单元分别简化成为一个寄存器,就成了同步数字复接器的简图。这种同步数字复接器系统可以划分成为定时控制部分和复接/分接通路部分。关于定时控制部分的工作原理将在帧定位一节介绍。此处先介绍复接/分接通路部分。

图 2-2 给出了复接/分接通路部分的工作原理图;图 2-3 给出了相应的时间波形图。图中 $S_1 \sim S_4$ 是支路的输入信码;L_T 是由复接定时单元提供的写入控制信号;f_h 和 S_h 是同步复接器输出的合路时钟和合路信号;L_R 是由分接定时单元提供的读出控制信号;$\hat{S}_1 \sim \hat{S}_4$ 是分接器支路输出的信码。在理想情况下,$\hat{S}_i$ 与 S_i 应该是完全一样的。

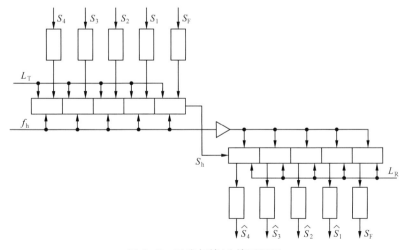

图 2-2 同步复接/分接原理图

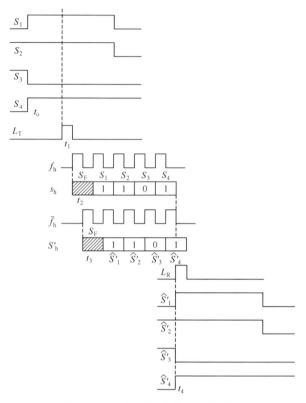

图 2-3 同步复接/分接时间波形图

前面已经说明，在同步复接情况下，各条输入支路时钟是彼此同步的，但是彼此相位不一定是对齐的。为了便于说明，假定各条输入支路的时钟的相位也是对齐的。支路时钟把支路信码写入支路寄存器，在适当的时刻，比如刚好对准信码中间时刻，写入控制信号 L_T 起作用，把各个支路寄存器中存储的内容写入同步复接单元。同步复接器相当于一个并行输入的移位寄存器。每逢控制信号 L_T 起作用，它就装满了一组新的内容，然后受合路时钟 f_h 控制，输入合路数字信号。在一组新的内容刚好全部推出之时，L_T 又一次起作用，重新装满新的内容。如此重复，就把参与复接的各个支路的输入信息信号合并成为一个合路数字信号。上述例子是一种最简单的复接情况，即每次复接只把每个支路信号的一位信码写入复接器，或者说，插入合路信号，这种复接方式称为比特复接。如果每次复接是把每条支路信号的一个字插入合路信号，这种复接方式称为字复接。依具体情况，两种复接方式都实用。显然，采用比特复接，设备要简单一些。

合路时钟与合路信码成对地到达同步分接器之后，利用倒过相的合路时钟，把合路数字信号写入同步分接器。同步分接器相当于一个串行输入而并行输出的移位寄存器。当一个循环组的合路信码刚好占满同步分接器时，控制信号 L_R 起作用，把移位寄存器中的内容读出并写入各个支路寄存器。如此重复，就把连续的合路信号分解成为各个支路信号。但是，上述简单的分解过程不　定能实现正确的分接。因为分接器的每条并行输出端是与一个确定序号的输出支路寄存器固定相连的。只有同步分接移位寄存器各级中存的内容刚好与对应支路需要输出的内容吻合时，这种分解才是正确的。显然，这种分接过程正确与否，取决于控制信号 L_R 起作用的时刻。那么，控制信号 L_R 起作用的时刻又根据什么来确定呢？这只能从输入合路数字信号的内容中寻求。因为复接器送给分接器的只有合路时钟和合路信码，别无其他信息。而合路时钟只能确定分接器的工作节拍。然而，像上面介绍的那样，合路数字信号仅仅是由各个支路数字信号循环交织形成的。而各个支路数字信号通常是随机数字信号，一旦形成合路信号，就再也无法分清它们的序号了。因此，在合路信号中找不到可资确定 L_R 起作用时刻的信息内容。这就是说，在合路信码中，仅仅包含支路信码，还不能正确地实现同步分接。

为了确保正确的同步分接，在合路数字信号中必须周期性地插入一种规定信号。在分接器中首先要识别出这种规定的信号，然后根据这种特征信号的出现时刻来决定控制信号 L_R 起作用的时刻，以实现正确的数字分接。这种规定的特征信号称为帧定位信号。图 2-2 中的 S_F 就是最简单的帧定位信号，比如规定它是全"1"。从原理上可以把它理解成一个支路信号，和其他支路信号一样参与同步复接，所不同的仅仅是内容固定不变而已。因为帧定位信号的内容是预先规定的，所以在分接器中就可以把它与其他支路信号区别开来。把它识别出来之后，就可根据它来规定控制信号 L_R 起作用的时刻。例如当帧定位信号被存到分接移位链的对应 S_F 单元时，L_R 起作用，这样就可以实现正确分接。在图 2-3 中，t_1 时刻就是复接控制信号 L_T 起作用的时刻；t_2 时刻就是开始推动一组新内容的时刻；t_3 时刻就是把合路信号中的这组内容开始写入分接器的时刻（显然，这里未考虑传输延时）；t_4 时刻就是实现正确分接的时刻。从 t_1 时刻到 t_4 时刻，就是一组信码经历复接与分接的全过程。

2. 帧结构

上节已经提到，为了能够实现正确的分接，在合路数字信号中，除了各支路的信息内容之外，还必须周期性地插入帧定位信号。由帧定位信号与支路信码形成的循环称为帧。一帧之内，帧定位信号和支路信码的时间顺序安排称为帧结构。实际使用的帧结构比较复杂，其中所含的内容也不限于帧定位和支路信码，而帧定位信号通常也不是简单单调的图案。图 2-4 给出了 CCITT 建议 G.732 所规定的帧结构。

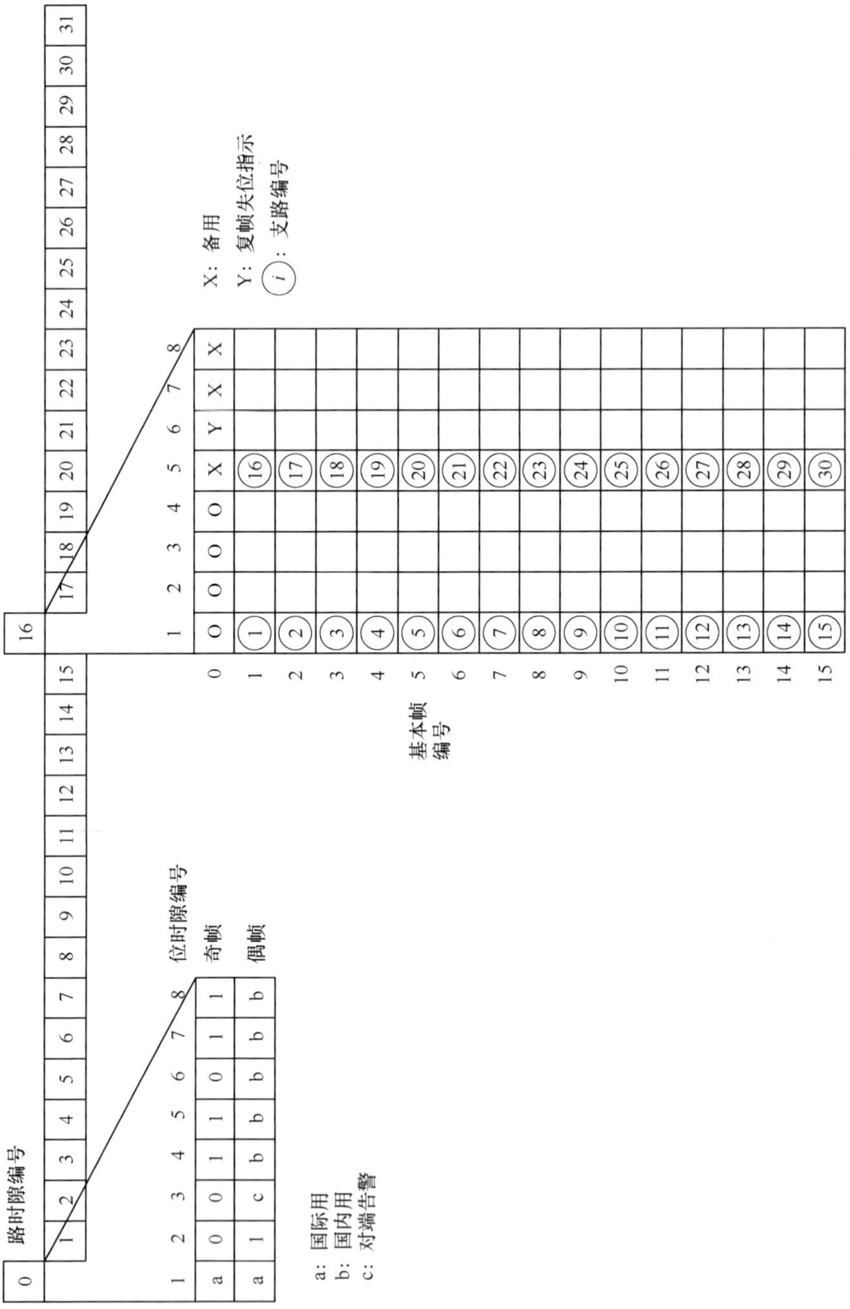

路时隙编号

X: 备用
Y: 复帧失位指示
(*i*): 支路编号

基本帧编号

位时隙编号
奇帧
偶帧

a: 国际用
b: 国内用
c: 对端告警

图2-4　同步复接帧结构举例

CCITT 建议 G.732 所规定的帧结构适用于工作在 2048kbit/s 的 PCM 基群复用设备。它共复接 30 条 64kbit/s 基本话路信号。帧频为 8kHz，基本帧长 256bit。每帧包含 32 组路时隙，每组路时隙含 8bit，即每条支路每次复接插入一个 8bit 字。路时隙的编号为 0～31；路时隙内比特位的编号为 1～8。在基本帧中，每隔一帧插入一组帧定位信号，即在奇数帧中的第 0 路时隙的第 2～8 比特位插入帧定位信号：0011011。为了避免在偶数帧中的相应比特位上出现冒充的帧定位信号，在偶数帧中第 0 路时隙的第 2 比特位上固定传 1。基本帧的第 1～15 和 17～32 路时隙用于传送 30 路支路数字信号；基本帧的第 16 路时隙用于传信令。这些传信令的比特位可以由 30 路共同使用（如采用共路信令系统时），也可以平分给各条支路使用（如采用随路信令时）。在后一种应用情况时，每次分给每个支路 4 个比特位，编号为 a、b、c、d，这样每个基本帧中只能提供两组信令通道。为此，把 16 个相邻的基本帧组成一个复帧，显然在每个复帧之内，每条话路通道能分到一组信令比特位。

在一个复帧内，基本帧编号为 0～15。第 0 基本帧的第 16 路时隙的第 1～4 比特位传复帧定位信号：0000；第 6 比特位传复帧失位指示信号；其余第 5、7 和 8 比特位作为备用比特。第 1 基本帧的第 16 路时隙的前 4 个比特位分给第 1 支路信令用，后 4 个比特位分给第 16 支路信令用。按此规律分配，直到第 15 基本帧的第 16 路时隙的前四个比特位分给第 15 支路信令用，后 4 个比特位分给第 30 支路信令用。

从上述实例可以看出，每个同步帧中所包含的内容是相当丰富的，至少要包含帧定位信号、各个支路的信息位、信令和各种勤务数字（如告警信号、控制信号等）。帧结构也是比较复杂的，通常构造有基本帧、复帧，有时还要把基本帧划分为若干子帧等。帧结构主要取决于每帧中所含的内容，此外也是为了适合复接/分接操作的需要。

3. 帧定位

前面已经说明，分接器能够正确实施分接的前提是分接控制信号 L_R 必须与合路数字信号的帧定位信号保持确定的相位关系。分接控制信号 L_R 在分接器定时单元产生的帧结构中占有确定位置，它出现的时刻就代表了分接器本地帧的瞬时状态，简称分接器帧状态。而合路数字信号中帧定位信号出现的时刻就代表合路信号的帧状态。分接器帧状态与合路信号帧状态保持正确的相位关系称为帧同步，否则称为帧失步。帧定位就是指把分接器帧状态调整到与合路信号帧状态具有正确相位关系，并且保持这种相位关系的全部操作过程。有时也把这种过程称为同步搜捕与保持过程。

图 2-5 给出了帧定位系统简图。它是由时钟、复接定时单元、分接定时单元和同步单元组成的。时钟推动整个帧定位系统，确定系统基本工作节拍。复接定时单元和分接定时单元分别形成帧长相同的帧结构。复接定时单元产生的帧结构中含有帧定位信号，表示一帧开始的时刻。分接定时单元产生的帧结构中含有标志脉冲，表示一帧的特定时刻。同步单元的作用是在合路信号帧结构中识别出帧定位信号，以它为基准，调整本地帧结构的相对延时，直到本地帧的帧标志脉冲相对于接收帧定位信号处于规定的延时关系为止，随后监视并保持这种相对时间关系。这就是原理性的帧定位过程，具体实现方法要复杂些。

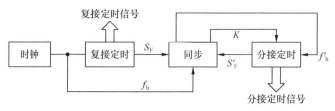

图 2-5　帧定位系统简图

传统的帧定位方法有两种：逐位调整法和预置起动法。逐位调整法的工作过程：首先把本地帧状态停顿一个节拍，即本地帧相对于接收帧延迟一步，然后在一个确定的检验周期之内，检查本地帧状态相对于接收帧状态的延时关系。如果确认符合正确的相位关系，就保持这种相对关系并结束搜捕过程；如果发现不符合规定的相位关系，就把本地帧状态再停顿一个节拍，如此重复，直到达到同步状态为止。预置起动法的工作过程：在帧失步期间，分接帧定位单元的输入时钟被切断，并且把它置于特定的等待状态。当帧定位信号识别器一旦从接收信号中识别出帧定位信号码型，立即输出一个接收帧标志脉冲，这个标志脉冲随即打开时钟控制门，启动分接定时单元并产生本地帧结构。然后在一个规定的检验周期之内，检查本地帧标志脉冲相对于接收帧标志脉冲的相位关系。如果确认符合正确的相位关系就保持这种运行状态，并结束搜捕过程；如果发现不符合规定的相位关系，就再把分接定时单元置于等待状态。比较上述两种经典的帧定位方法可以看出：在非同步位置上，逐位调整法每调整一次都要检验一次；预置起动法只有出现冒充同步时才要检验一次。可见在非同步位上搜捕，预置起动法比较快。在同步位置上，逐位调整法不管帧定位信号中是否出现误码总要检验一次，当误码率不是很高时，即使出现少量的误码也可加以纠正做出正确判断；预置起动法，只要帧定位信号中出现误码，就肯定错过了建立同步的机会。可见，在同步位置上，平均消耗的时间，预置起动法要比较长。总的来说，在误码比较严重的情况下，逐位调整法的平均搜捕时间比较短；在误码不太严重时，预置起动法的平均搜捕时间比较短。按 CCITT 推荐，数字信号的平均误码率通常（大于 90%的时间）低于 1×10^{-6}；不可用误码率门限为 1×10^{-3}。这时，采用预置起动搜捕方式比较合理。CCITT 推荐的各种复接设备都规定采用这种同步搜捕方式。上述只是介绍了帧定位过程所采用的具体方法，下面来介绍在实际帧定位系统中如何利用这些具体方法。

在实际情况下，设计帧定位系统要考虑下列两种情况：第一，信码的内容是随机的，其中每一段内容都可能随机地形成帧定位信号所特有的图案，即形成冒充的帧定位信号，这样就可能出现假同步；第二，数字传输通常都存在误码损伤，如果刚好帧定位信号中出现误码，同步识别设备在相应的部位就识别不出信码，这时同步设备就可能判断系统发生了失步，因而开始同步搜捕，这样恰恰导致了真失步。考虑到上述两种情况，帧定位过程都要制订一种特定的搜捕校核逻辑和同步保护逻辑，以便克服信码随机组合引起的虚警现象和误码引起的虚漏现象的影响。图 2-6 给出了一种 CCITT 推荐的帧定位校核/保护逻辑图。

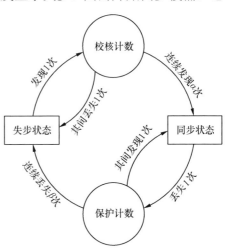

图 2-6　帧定位校核/保护逻辑

假定帧定位系统处于失步状态，于是同步系统开始进行搜捕，从合路信码中识别出帧定位信号时，同步校核计数器计 1，并且起动分接定时单元；如果在整整相隔一个帧周期的时刻（简称规定时刻）又发现了帧定位信号，同步校核计数器就计 2；如果总计连续在规定时刻共发现 α 次帧定位信号，那么帧定位系统就确认系统进入了同步状态。其中 α 称为同步搜捕校核系数。如果，连续发现帧定位信号的次数不足 α 次，其间在规定时刻有一次未发现帧定位信号，则同步校核计数器立即置 0，并且把分接定时单元置于预置状态，即帧定位系统重新处于失步状态。从开始搜捕到确认同步所经历的平均时间称为平均确认同步时间，记作 T_w。它的计算公式为

$$T_w = \left[\sum_{i=1}^{\alpha} \frac{1}{(1-P_1)^i} - \frac{1}{2(1-P_1)^{\alpha-1}} \right] \left\{ \left[1 + (L_s - n) \frac{P_y}{1-P_y} \right] T_s - T_h \right\}$$

式中，α 是同步校核系数；

$$P_1 = \sum_{x=1}^{n} C_n^x (1 - P_e^{n-x})$$ 是虚漏概率；

n 是帧定位信号码长；

L_s 是帧长；

$$P_y = \left(\frac{1}{2}\right)^n$$ 是虚警概率；

T_s 是帧周期；

T_h 是合路时钟的周期。

当误码率较低（$P_e \leqslant 1 \times 10^{-3}$）和帧定位信号较长（$n \geqslant 10$）时，则可忽略 P_1 及 P_y 的影响。这时平均确认同步时间近似表达式为

$$T_w \approx \left(\alpha - \frac{1}{2}\right) T_s$$

帧定位系统处于同步状态时要进行同步状态监视与保护。当在规定时刻有一次未识别出帧定位信号时，同步保护计数器就计 1；当在规定时刻连续 β 次未识别出帧定位信号时，同步保护计数器就计 β，同时把帧定位系统置于预置状态，系统就转入失步状态。如果连续未发现帧定位信号的次数不足 β 次，其间在规定时刻有一次发现了帧定位信号，则同步校核计数器立即清零，即系统仍恢复到同步状态。从同步系统真正发现失步到帧定位系统确认处于失步状态所经历的平均时间称平均确认失步时间，记作 T_d。它的计算公式为

$$T_d = \left[\sum_{j=1}^{\beta} \frac{1}{(1 - P_y)^j} - \frac{1}{2(1 - P_y)^{\beta-1}}\right] T_s$$

式中，β 是同步保护系数；

$$P_y = \left(\frac{1}{2}\right)^n$$ 是虚警概率；

n 是帧定位信号码长；

T_s 是帧周期。

当帧定位信号码长较长（$n \geqslant 10$）时，可以忽略 P_y 的影响。这时平均确认失步时间近似表达式为

$$T_d \approx \left(\beta - \frac{1}{2}\right) T_s$$

图 2-7 给出了实际使用的帧定位校核/保护单元电原理图；图 2-8 给出了校

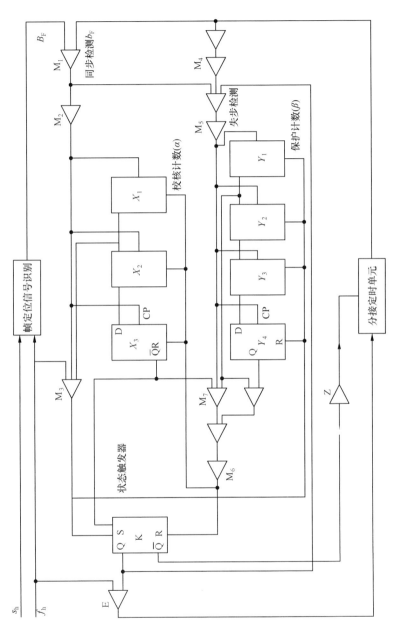

图 2-7 帧定位校核/保护单元电原理图

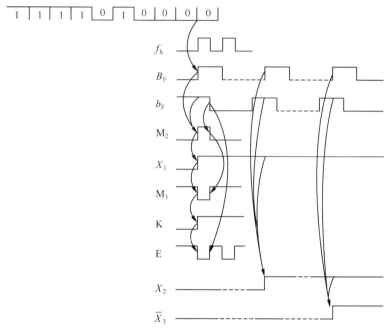

图 2-8　确认同步过程时间波形图（α=3）

核系数 $\alpha = 3$ 情况下的确认同步过程时间波形图；图 2-9 给出了保护系数 $\beta = 4$ 情况下的确认失步过程时间波形图。在失步状态时，分接帧时序发生器被置于 b_F 为高电位状态；一旦帧定位信号识别器送出 B_F 信号，同步检测器（M_2）就送出正脉冲，使得校核计数器计数 1，M_3 输出低电位，把状态触发器置于 $Q=1$ 状态，从而打开 E 门，时钟通过 E 门推动分接帧时序发生器工作。当连续三帧都保证 B_F 脉冲与 b_F 脉冲重叠时，校核计数器计数为 3($\alpha = 3$)，这时校核计数器 X_3 级的 $\overline{Q}$ 端输出低电位，把状态触发器（K）重置 1，并且封闭门 M_7，保证偶尔出现 3 次以内的 B_F 与 b_F 不重叠都不会使得状态触发器（K）的状态发生变化。这时系统进入确认同步状态。在同步状态时，失步检测器 M_5 是开放的。如果发现 b_F 脉冲与 B_F 脉冲不重叠，b_F 脉冲就通过 M_5，并在保护计数器中计 1。如果连续 4 次不重叠，保护计数器就计 4（$\beta=4$），使得 M_6 输出低电位，清理校核计数器，把状态触发器置成 $Q=0$ 状态；状态触发器（K）把 E 门封闭，即停止向分接时序发生器发送时钟并把它置于 b_F 为高电位状态。这时系统进入失步状态。

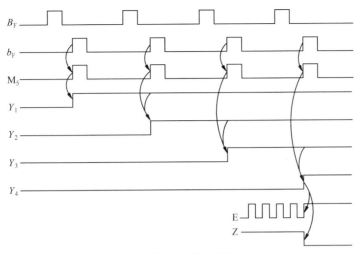

图 2-9　确认失步过程时间波形图（$\beta = 4$）

2.3　准同步复接

准同步复接（Plesiochronous Multiplex）是指参与复接的各支路码流时钟与复接码流时钟是在一定的容差范围内标称相等，经适当的调整把它们复接起来。严格地说，如果两个数字信号的对应生效瞬间以同一标称速率出现，而速率的任何变化都限制在规定的范围之内，则这两个数字信号彼此就是准同步的。例如，具有相同标称速率但不是由同一个时钟源产生的两个时钟信号通常就是准同步的。其中提到的标称比特速率（Nominal Bit Rate）和容许变化范围（简称容差（Tolerance））都是预先统一规定的。

至今已知，有 3 种方法可以实现准同步复接。

其一是高速采样法，即用多个位时隙来传输一个支路比特。要求在接收端引入的码元宽度误差不超过一个复接位时隙宽度。要想减小这种码元宽度误差就得提高传送速率。可见，这种复接方法的特点是：设备简单但复接效率较低。

其二是各种跳变沿编码法。这种方法是把支路码流的各个跳变沿传到对方，到对方再根据相应的跳变沿变化恢复成为原来的支路码流。通常要用 3 个以上的比特来描述一个跳变沿细节：是否发生了电平跳变；这个跳变是从高电平变到低电平或是从低电平变到高电平；发生跳变的时刻是在一个复接位时隙的前半段或是后半段时间内。所以采用跳变沿法来实现准同步复接的最高效率只有 33%，而且这种方法的设备量也不能令人满意。

其三是码速调整方法。这种方法设备量与跳变沿编码法相当，但是复接效率却可以达到 98%之高。

在数字网中，复接效率是首先要考虑的问题，所以在数字网中通常用码速调整技术来实现准同步复接。码速调整技术依其具体实现方法还可以分为正码速调整、正/负码速调整和正/零/负码速调整 3 种。其中应用比较广泛的是正码速调整方式。下面将具体介绍正码速调整原理、电路设计和基本特性。

1. 正码速调整原理

正码速调整准同步复接器方框图见图 2-10。其中每条复接支路都有一个正码速调整单元，它把准同步码流调整成为同步支路码流，然后进入同步复接单元实施同步复接。在分接端先实施同步分接得到同步分接码流，然后再经过正码速恢复单元把它们恢复成为原来的准同步支路码流。码速调整单元的主体是一个缓冲存储器，附带一些必要的控制电路。其中缓冲存储器读出时钟速率（f_m）高于缓冲存储器写入速率，即输入支路时钟频率（f_i）。这种码速调整是以 $f_m > f_i$ 为基础的，故称正码速调整。

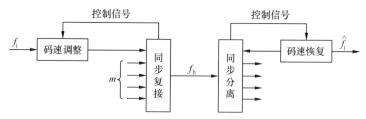

图 2-10　码速调整准同步复接器简图

现在用水库的水位变化情况来解释码速调整原理，参见图 2-11。假定，水库进水流速（f_i）低于出水流速（f_m），水库初始水位处于半满状态。由于流出速度高于流入速率，随着时间推移，水库水位将逐渐降低。如果不采取特别措施，最终将导致干涸。如果水位一旦降到某个预先规定的最低水平，控制机构就发出一个控制信号，把出水闸门关闭一个规定时间，于是水位迅速升高；然后打开出水闸，水位又逐渐下降。如此控制，全部水流都能通过水库流走。

码速调整过程也是如此。假定缓冲存储器原处于半满状态，读出钟频高于写入钟频。起动之后，存储器中的内容将逐渐减小，即读出时刻将逐渐逼近写入时刻。如果一旦发现缓冲存储器中存储的支路比特数降到最低水准，就发出控制信号，把读出时钟停顿一个节拍。这时缓冲存储器中的支路信码立即增加一个比特。如此往复，就可以把支路码流通过缓冲存储器传送出去，既不会增加虚假的信息位，也不会丢失原来的信息位。参见图 2-12，读出时钟（f_m）每停顿一个节拍就是一次正码速调整。在码速恢复装置中，对应这个被调整的空节拍，不读出信息，这就是相应的码速恢复。如此进行调整与恢复，就可以保证支路码流无误传输。

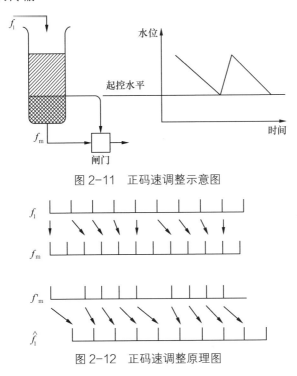

图 2-11　正码速调整示意图

图 2-12　正码速调整原理图

　　实现上述正码速调整可以采用各式各样的具体办法。为简化设备起见，通常是在每个基本帧（或专门设计的调整帧）中规定一个特定的位时隙。它为特定的支路提供一次正码速调整机会：如果该支路这时不需要调整，这个位时隙就照常传送支路信码；如果该支路这时需要进行正码速调整，就让这个位时隙空闲一次。这个规定的位时隙通常叫作正码速调整支路比特，有时也叫正码速调整数字时隙。这个规定的位时隙究竟是空闲（正调整）还是照常传送支路信码（未调整），必须告诉相应的码速恢复装置。为此要在基本帧（或调整帧）中留出特定的几个位时隙，来传送码速调整与否的指示信号。显然这种码速调整指示信号是很重要的。通常取 3 位以上的容错指示码作调整指示信号，例如：用 "111" 表示调整；用 "000" 表示未调整。这种调整指示信号称为调整指示数字，有时也叫塞入指示数字。图 2-13 给出了典型的正码速调整准同步复接帧结构设计。横轴下方都是支路信息位时隙，横轴上方都是非信息位时隙，包含帧定位信号、码速调整指示数字和其他勤务数字。时间轴上的每个基本单元表示一个基本循环。基本循环包含的位时隙数等于参与复接的支路数（m），

SZ 表示码速调整指示位时隙，SV 表示码速调整位置。由此可见，在每帧中，每条支路都有 3 个码速调整指示比特和一个码速调整比特位置。

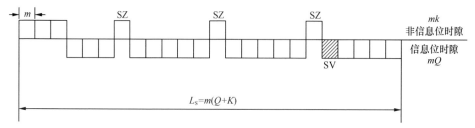

图 2-13　正码速调整复接帧结构

2. 码速调整/恢复电路设计

图 2-14 是一种实用的正码速调整单元的电原理图，图 2-15 是它的工作过程时间波形图。码速调整单元是由缓冲存储器和调整控制电路组成的。输入支路时钟（f_1）把输入支路信码（S_1）逐位写入缓冲存储器，同步复接时钟（f_m）随后逐位把缓冲存储器的信号读出并送往同步复接单元。预先给缓冲存储器规定一个写读时差门限，如果写读时差等于或小于这个时差门限时，时差比较器就输出负极性的调整控制脉冲（P）。它把控制触发器（T）置成 Q 端输出高电位（K）。K 电位同时打开与非门 YB_1 和 YB_2。控制信号 SV 通过 YB_2 把同步复接时钟（f_m）对应 SV 位置的一个节拍时钟扣除，即复接帧中对应 SV 位置不传信码。这就实现了一次正调整。同时控制信号 SZ 通过 YB_1 起作用，在输出支路信码（S_m）对应 SZ 的 3 个位时隙中插入 111，以便告诉分接器：在这

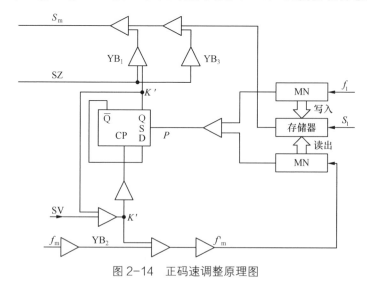

图 2-14　正码速调整原理图

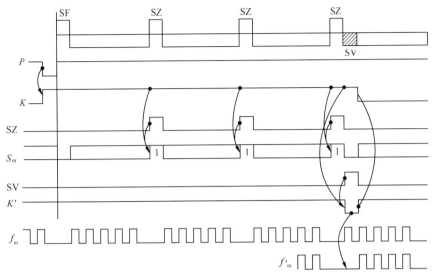

图 2-15　正码速调整时间波形图

一帧中进行了一次正调整。在上述全部操作过程完成之后，借助 SV 脉冲后沿把控制触发器复原，反之，如果写读时差未降到控制门限，不会出现 P 脉冲，这时与非门 YB_1 和 YB_2 都是关闭的，f_m 对应 SV 的节拍不会被扣除，即在这帧 SV 位时隙上照常传送支路信码；而 SZ 脉冲通过 YB_3，在 S_m 中对应 SZ 的 3 个位时隙中插入 000，从而告诉分接器：在这一帧中未进行调整。图 2-14 中，公用控制信号 SZ、SV、f_m 都是统一由复接定时单元提供的。

　　图 2-16 是一种实用的正码速恢复单元的电原理图，图 2-17 是其工作过程的时间波形图。码速恢复单元是由恢复控制电路、缓冲存储器及锁相环组成的。图中，公用控制信号 SZ、SV 和 f_m 都是统一由分接定时单元提供的。控制信号 SZ 从支路同步分接码流（S_m）中选出码速调整指示信号（K）。如果其中至少有两位 1，调整识别触发器就输出高电位（K'），控制门输出负脉冲（K''），把分接支路同步时钟（f_m）对应码速调整位置（SV）的一个节拍扣除。因而不会把同步分接支路码流（S_m）在 SV 时隙中的内容写入缓冲存储器。这就完成了正码速恢复。然后借助控制信号的后沿把调整识别触发器复原。如果识别出的码速调整指示信号（K）至少含两位"0"，则调整识别触发器不会动作。K' 处于低电位，控制信号 SV 也不会起作用。这时支路信号（S_m）中对应 SV 位时隙的信码照常写入缓冲存储器。缓冲存储器的写入钟频（f_m'）是不均匀的。利用模拟锁相环提取 f_m' 的平均值，就成了最后恢复的支路时钟（$\hat{f}_1$），同时用它从缓冲存储器中读出信码，即支路输出信号（$\hat{s}_1$）。

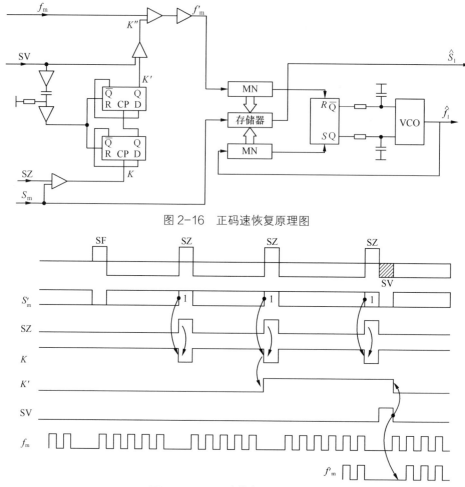

图 2-16　正码速恢复原理图

图 2-17　正码速恢复时间波形图

3. 正码速调整基本关系式

图 2-13 已经给出了正码速调整复接帧结构。其中 m 是复接支路数。每帧中共包含 mQ 个支路位时隙，即每个支路共复接 Q 个信息比特；每帧中共包含 mK 个非信息位时隙，即平摊到每条支路上共复接 K 个非信息比特。每帧中信息比特位与非信息比特位的总和称为帧长（L_s）。帧结构参数与支路速率（f_e）和复接速率（f_h）的关系式称为正码速调整基本关系式：

$$\left(\frac{1}{m} - \frac{f_1}{f_h}\right) L_s = K + S$$

其中，S 是小于 1 的正实数，称为码速调整比率（Justification Ratio），也称塞入比率（Stuffing Ratio）。它是实际码速调整速率与最大可能的码速调整速率之比。因为每帧中为每条支路最多只能提供一次调整机会，所以最大可能的码速调整速率就等于帧频（F_s）。

下面将介绍正码速调整过程关系式。众所周知，缓冲存储器正常工作的前提条件是先写入然后再读出。写入时刻相对于读出时刻的超前量称为读写时差（Δt）。起始时刻缓冲存储器的读写时差记作Δt_0；读出第 x 个信码时刻的读写时差记作Δt_x。描写Δt_x随 x 演变的关系式称为正码速调整过程关系式：

$$\Delta t_x = \Delta t_0 + \left[\frac{mT_h}{T_1}(x+g) - x \right] \cdot T_1$$

式中，T_h 是复接周期，T_1 是支路周期，g 是在读第 x 个信码之前支路时钟停顿节拍数。因为读写时差是指每个支路缓冲存储器的读写时间关系，所以式中 x 是指在特定支路缓冲存储器中读出第 x 位支路信码的时刻，而 g 是 x 时刻之前读出支路时钟的停顿次数。图 2-18 给出了 CCITT 建议 G.742 帧结构规定的支路读写时差变化过程图。从中可以看出，经过一个整帧之后，如果无调整，读写时差将净减 ST_1；如果有调整，读写时差将净增（$1-S$）T_1。

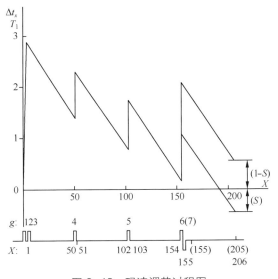

图 2-18　码速调整过程图

最后来介绍塞入抖动计算公式。抖动是指数字信号的各生效瞬间相对其理想位置的短时偏离。正码速调整准同步复接，通过复接和分接过程将给支路码流引入一种附加的抖动，这就是塞入抖动。产生塞入抖动的原因大体上是这样的：首先假定参与复接的支路信码原来是不带抖动的，它均匀地被它的支路时钟写入复接缓冲存储器；但是由于要在每帧中插入帧定位信号和码速调整指示信号等非信息位，所以复接时钟把支路信码从缓冲存储器中读出时就不再是均匀的。这种不均匀变化过程就是读写时差变化过程，图 2-18 给出了这种例子。这种读写时差不均匀变化通过复接帧传送给分接支路缓冲存储器；分接支路时钟按读写时差的变化规律把同步分接支路信码写入分接缓冲存储器；最后利用二阶锁相环提取同步分接时钟的平均值，再把支路信码读出。可见，这种塞入抖动起源于码速调整，而最终剩余多少则取决于码速恢复过程。从图 2-18 中看出，可以把读写时差变化分解为 3 个简单的独立过程：即由于插入帧定位信号引起的以基本帧为周期的变化过程；由于插入码速调整指示信号引起的以子帧为周期的变化过程；以及由于码速调整与否所引入的周期较长的读写时差变化。显然，前两种变化过程很容易被二阶锁相环滤除，而最后一种码速调整引起的频率很低的读写时差变化却难以滤除，这就形成了塞入抖动。事实上这种塞入抖动的频率越低其抖动的幅度就越大，其最大塞入抖动幅度（A_{jpp}）出现在抖动频率接近零的情况，因而任何二阶锁相环对此也是无能为力的。这种最大塞入抖动幅度只与码速调整比率（S）有关，它的计算公式为

$$A_{jpp} = \frac{1}{p} \cdot UI$$

$$S = \frac{q}{p}, \quad (q, \ p) = 1$$

式中，p 和 q 都是正实数，$(q, \ p) = 1$ 表示 q，p 互为质数；UI 是支路码元宽度，即 T_1。通常为了便于使用，根据上述公式可以画出 $A_{jpp}(S)$ 包络曲线，只要已知调整比率 S 就可以直接从包络曲线中找到塞入抖动的最大可能值。图 2-19 给出了实用的 $A_{jpp}(S)$ 包络曲线。这种曲线是以 $S = 0.5$ 为轴左右对称的，该图只给出了左半边。在工程设计中，为了取得较低的塞入抖动，必须避开各峰值点；为了提高信道利用率，尽可能在 $S < 0.5$ 半边取值；为了获得尽可能大的调整区域，S 取值尽可能靠近 0.5。所以，设计 S 取值通常在 0.43 左右。同时，考虑到复接时钟及支路时钟在容差域内变化时，引起 S 变化的范围，因此典型的塞入抖动幅度为 14.3%UI。

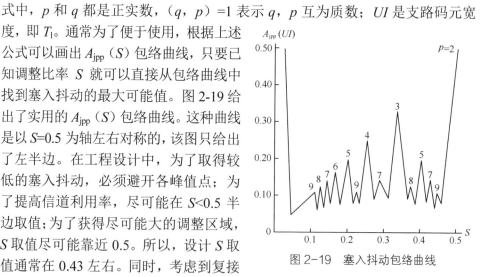

图 2-19 塞入抖动包络曲线

2.4　CCITT 建议

目前 CCITT 对于数字速率系列和数字复接技术制式已经做出了相当完善的建议。

规定数字速率系列是涉及整个数字网的全局性问题。它与数字传输、数字复接、信源编码以及网络开发等方面都有密切关系；而且上述每个方面又涉及多种因素。例如，数字复接要涉及 PCM 基群结构、群复接帧结构、网同步制式和数字交换制式等因素，而其中群复接帧结构又涉及帧定位方式、码速调整方式、信令和勤务数字等更细的因素。图 2-20 给出了决定数字速率系列的诸因素关系图。CCITT 在世界各国多年来广泛实践的基础上，经充分讨论和反复折中，推荐了两个数字速率系列，即以 2048kbit/s 为基群的数字速率系列和以 1544kbit/s 为基群的数字速率系列。具体数字速率系列见图 2-21。从中可以看出，以 2048kbit/s 为基群的数字速率系列比较单纯，也比较完善。我国已经决定采用以 2048kbit/s 为基群的数字速率系列。

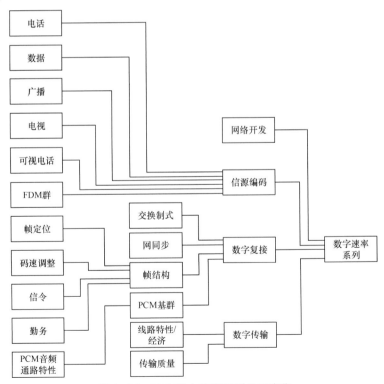

图 2-20　决定数字速率系列的因素集

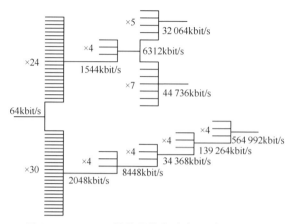

图 2-21　CCITT 推荐的数字速率系列（1984）

关于数字复接技术制式，CCITT 也做出了相当完善的建议系列。参见图 2-22，总计列出了以 2048kbit/s 为基群速率的 12 种复接器技术制式建议，其中：所有的复接器都采用集中式帧定位信号（帧定位都采用预置起动搜捕方式和相同的校核/保护逻辑）；所有的 7 种路复接器中，都采用同步复接方式；所有的 5 种群复接器中，都采用准同步复接方式。国际上大多数群准同步复接都采用正码速调整技术。在 7 种路同步复接器中有 5 种是基群复接器（G.732、G.737、G.738、G.739 和 G.734）。它们有统一的帧结构（参见图 2-4）：帧频为 8kHz，帧长为 32 个路时隙，计 256 个位时隙，都采

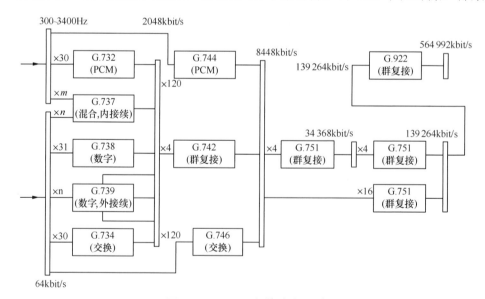

图 2-22　CCITT 复接建议系列

用隔帧定位，帧定位信号为 0011011。G.732 复接器是模拟输入的 PCM 复用设备；G.737 是模拟/数字混合输入的复接器；G.738 是 64kbit/s 数字复接器，共复接 31 路，即第 16 路时隙也复接数字支路信号；G.739 是一种数字外接续复接器，即在 2048kbit/s 传输通道中，插入或提出若干路 64kbit/s 支路数字信号；G.734 是用于数字交换的数字复接设备。其余两种二次群同步复接器（G.744 和 G.746），具有相同的帧结构（参见图 2-23）：帧频为 8kHz，帧长为132 个路时隙，计 1056 个位时隙。G.744 复接器为模拟输入的 PCM 复用设备，G.746 为用于交换的数字同步复接器。这 5 种准同步群复接器，都复接 4 条数字支路，都具有子帧结构形式，帧定位信号都具有相同的图案（1111010000 或111110100000），标称码速调整比率都在 0.419～0.439 之间（参见附表）。

附表：群复接帧结构

建议	G.742		G.751		G.751		G.922	
复接速率（kbit/s）	8448		34 368		139 264		564 992	
支路速率（kbit/s）	2048		8448		34 368		139 264	
支路数	4		4		4		4	
帧结构	子帧编号/位时隙序号							
帧定位	I	1～10	I	1～10	I	1～12	I	1～12
告警指示	I	11	I	11		13		
国内备用位	I	12	I	12	I	14～16		
支路比特	I II III IV	13～212 5～212 5～212 9～212	I II III IV	13～384 5～384 5～384 9～384	I II III IV V VI	17～488 5～488 5～488 5～488 5～488 9～488	I II III IV V VI	13～384 5～384 5～384 5～384 5～384 9～384
码速调整指示	II III IV	1～4 1～4 1～4	II III IV	1～4 1～4 1～4	II III IV V VI	1～4 1～4 1～4 1～4 1～4	II III IV V VI	1～4 1～4 1～4 1～4 1～4
调整位置	IV	5～8	IV	5～8	VI	5～8	VI	5～8
帧长（bit）	848		1536		2928		2688	
帧周期（μs）	100.38		44.69		21.02		4.36	
每条支路的比特数（bit）	206		378		723		663	
帧频（kHz）	9.962		22.375		47.536		210.190	
码速调整比率	0.424		0.436		0.419		0.439	

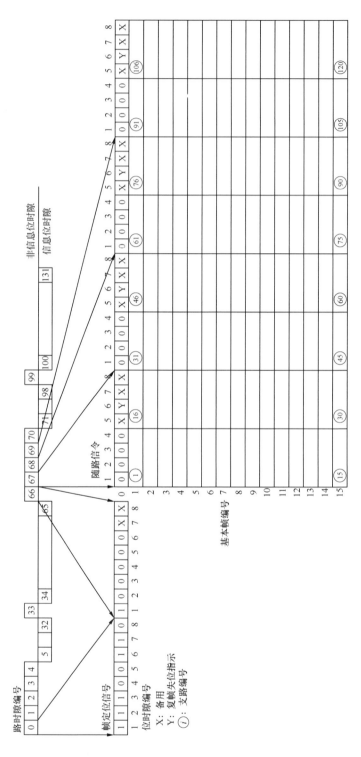

图 2-23 二次群路同步复接帧结构

2.5　典型应用

1. 同步复接的应用

同步复接具有几点明显的好处，例如，复接效率比较高，复接损伤比较小，通常设备也比较简单。但是只有在确保同步环境的情况下，才能使用同步复接器。在某些具体条件下，可以比较容易地保障同步环境，这时采用同步复接当然合适；在另一些具体条件下，却不容易提供同步环境，除非付出某些技术的或经济的代价，这时使用同步复接就会受到某种限制。现举几种同步复接器具体应用的例子。

（1）与单片编码器连用的同步复接

参见图 2-24。这时借助于编码采样时序的时间关系，很容易把各支路码元按复接顺序排列开，从而实现同步复接。这时采用同步复接，设备比较简单，信道利用效率也比较高。

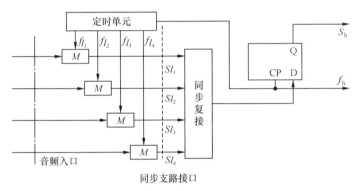

图 2-24　与单片编码器连用的同步复接

（2）数字交换用的同步复接

参见图 2-25。在数字交换网中，进局的群数字流都要经过帧调整器，把各路输入群数字流的时钟换成本局时钟；并且调整延时，使得各输入群数字流的帧定位信号与本局帧结构的特定标志信号对齐。这样才可能保证正确地实施数字交换。显然，在这种环境中很容易实现同步数字复接。

（3）近程传输用的同步复接

参见图 2-26。这时可以利用时钟环路为同步复接提供同步环境。即由复接器产生支路时钟，通过时钟环路送到对端（如用户），从而保证各个参与复接的支路时钟频率相等。由于传输距离不长，利用时钟环传送支路时钟在经济和技术上都没什么问题；另外，因近程传输多属不含帧结构的话路码流，所以通常对数字复接也没有什么特殊要求。这时实现同步复接只需设置简单的缓冲存储器就够了。

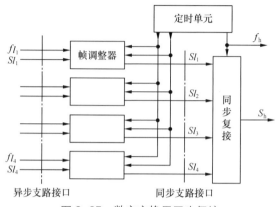

图 2-25　数字交换用同步复接

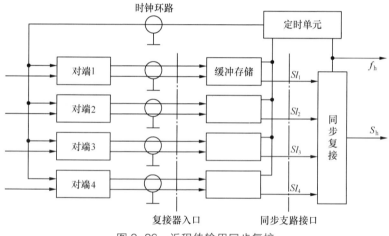

图 2-26　近程传输用同步复接

2. 准同步复接的应用

在远程数字传输或结构比较复杂的数字网中，采用同步复接遇到了一些实际困难。首先，为远程传输或为结构比较复杂的数字网中的各个网络节点提供时钟，在技术上不再是一件简单的事，在经济上也要付出相当大的代价。其次，传输距离大就要引入较大的漂移损伤，例如 CCITT 建议中提到这种漂移可能达到十几微秒。要想在同步复接之前吸收这样大的漂移，就需要容量为几十到上百位时隙的缓冲存储器，这在经济上显然是不可取的。而且对含有漂移的时钟提纯也不是一件简单的事，有时甚至无法直接提纯，这时只好用帧调整器把漂移转化为滑动。因而，在远程数字传输或结构比较复杂的数字网中，CCITT

建议普遍采用准同步数字复接。现举几种准同步复接器具体应用的例子。

（1）终端型准同步复接

参见图 2-27。这是一种把 16 个基群码流复接成为一个三次群码流，并在三次群数字传输系统中传输的典型系统。各基群支路码流来自不同方向，它们的标准速率都是 2048kbit/s，但是，不是出自同一时钟，频率容差域为 50ppm（1ppm=1×10⁻⁶）。4 条 2048kbit/s 基群支路复接成一个二次群（8448kbit/s）；4 个二次群再复接成为一个三次群（34 368kbit/s）。经 34 368kbit/s 数字传输系统传输到对端之后，再用分接器恢复成为 16 条支路基群码流。这种复接连接十分简单，只要支路标称速率及容差符合规定，就可以实现准同步复接。

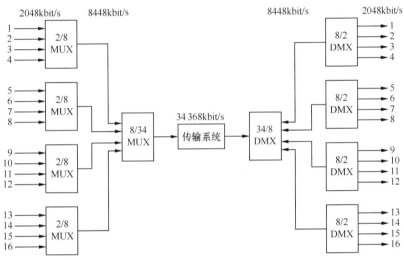

图 2-27 终端型准同步复接

（2）干线分支型准同步复接

在专用网中，常常需要干线分支。例如，在三次群数字传输干线中，要分出几个基群支路。图 2-28 给出了用标准型准同步复接器实现这种干线分支的应用示例。从图中可以看出，为了要在一个分支点分离出一个基群，就需要配备两套三次群复接器和两套二次群复接器；此外，不分支的其他码流也要一起参与分接，然后再复接上去。其中，同一三次群中的其余 3 个二次群要经历一次附加的分接/复接；同一二次群中的其余 3 个基群要经历两次附加的分接/复接。可见，用标准复接来实现干线分支，不但设备量大而且还要引入更多的复接损伤。为此可以特别设计一种专门用于干线分支的准同步复接器。图 2-29 就给出了这种群分支准同步复接器的简图。同样是上述情况，采用这种专用复接器，设备量至少节省 3/4；而且还不会给直通的其他码流引入附加的复接损伤。

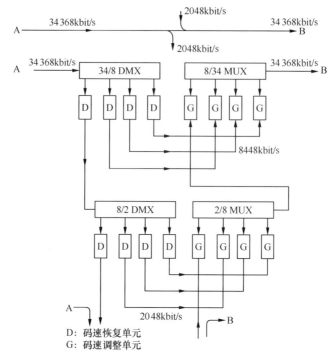

图 2-28 通用干线分支复接方案（单方向）

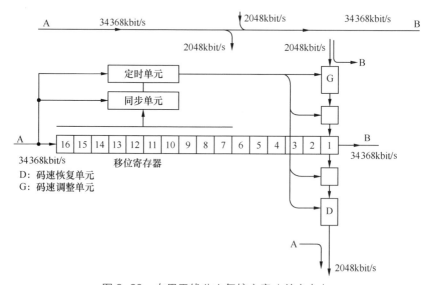

图 2-29 专用干线分支复接方案（单方向）

第3章 线路集中

3.1 集线问题

    线路集中器（Line Concentrator）与复接器类似，也是一种提高线路利用率的设备。两者的不同点在于，复接器的两端各支路都是固定地与两地设备或链路连接着。而线路集中器的两端各条支路，只有需要时才与两地设备或链路连接；当这些设备或链路不需要时，这些支路可与其他需要的设备或链路连接。这点差异很早就引起了电信设计人员的注意。例如，一条用户线的话务量通常只有6CCS（百秒呼）或近似0.17Erl（爱尔兰），平均说来线路利用率只有17%。可见，如果用实线或复接器来连接用户话机与市话局，其用户线利用率是非常之低的。如果以集线器代之，就本例而言，用户线的利用率将提高到原来的5倍多。可见，采用线路集中器是一种提高线路利用率的有效办法。这个概念早在20世纪40年代甚至更早就已经提出来了。

    线路集中器在概念上会明显提高线路利用率，这是众所周知的。但是，在工程实践中，具体地说，在设计、制造与应用中存在许多实际问题。为了说清这些实际问题，需要先分析一下典型的用户环路结构。图3-1给出了用户环路结构图。其中，分配器通常是个交换局，次分配器可能是交接箱或集线器，分配线通常是市话电缆或其他传输手段，支线目前多是双股自备线。次分配器采用交接箱是传统的用户环路方案。这种方案已经实用多年，取得了丰富的实践经验，而且已经成了任何更新方案的比较标准。如果把交接箱换成线路集中器，就必须满足这样的基本要求：在性能和费用方面不得劣于原有方案。首先，原来由交换局向用户提供的各种功能，必须由线路集中器来实现。这就给集线器设计带来了一系列具体问题。尽管目前这些问题大体上得到了妥善解决，但设备较为复杂，至今仍然不能令人满意。其次是工作环境问题，集线器必须接受原来交接箱的工作环境。交接箱是简单的无源设备，容易承受恶劣的工作环境；而集线器是比较复杂的有源设备，若要在室外恶劣环境中工作，制造工艺就不那么简单。上述两方面问题也就引出了第三方面的问题，就是设备价格昂贵。

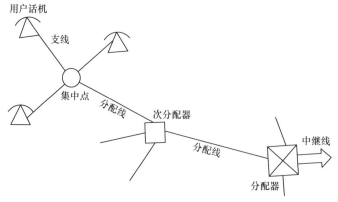

图 3-1 用户环路结构

可见，集线器能否得到推广应用，基本上取决于线路利用率与集线器设备价格之间得失的比较结果。线路利用率也可以用经济效益来表示。因此，这是个经济比较问题。集线器设备价格是个确定数字，而线路利用率与其经济效益的关系则随着传输距离加大而增高。图 3-2 给出了上述两种方案的费用/距离比较示意图。图中纵轴（费用）的截距之差表示集线器与交接箱的设备差价，两条直线的斜率表示不同条数的实线传输电路的公里比价，两条直线的交叉点表示两种系统价格相等时系统价格与分配线长度的对应数值。这个特定长度称为临界距离。可见，当距离小于临界距离时，用交接箱合算，当距离大于临界距离时，用集线器经济。显然，临界距离越短，集线器的应用领域就越大；反之，临界距离越长，集线器的应用领域就越小。极端言之，如果所有的用户线长度都比临界距离短，那么就不存在集线器适用领域。早年情况就是如此，电子设备昂贵，远程维护不完善，市话局服务范围半径小，因而用集线器替代交接箱经济上不合算。这就是尽管集线器技术提出多年，但迟迟得不到工程应用的原因。

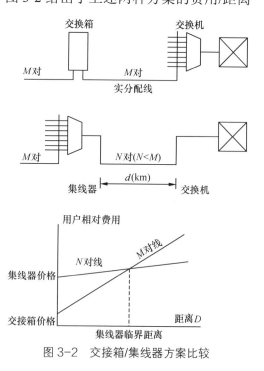

图 3-2 交接箱/集线器方案比较

随着设计和工艺的进展,利用大规模集成电路可以制造出性能完善而价格便宜的集线器,而传输线的主要原料——铜的价格多年来变化不大。因此,仅仅由于集线器与交接箱的差价减小,就明显地扩大了集线器的适用领域。

集线器应用领域并不限于市话网这个传统的应用方面,还存在一些新的应用场合。其一是农村网。农村远离城市,每个村镇聚居着一些农家,这时采用集线器会明显提高从城市到农村的分配电路的利用率。农村电话话务量较低,内部话务量更低,这时利用集线器就更为合理。其二是新业务的需求。在现存电话网上开发各种新型电信业务,实现窄带业务综合,需要扩大现存用户分配线的有效通带。一种通用的解决方法是在尽可能靠近用户群的适当地方设置集线器,用高速(宽带)通路把集线器与交换局连接起来。这样就可以缩短用户线(实线)长度,以增加有效通带宽度。这些大概就是前几年集线器技术得以迅速发展的主要原因。

3.2　集线工作原理

1. 系统组成

图 3-3 给出了线路集中器系统的基本框图。线路集中器系统是由主控端设备和被控端设备组成的。主控端设备通常设在交换局内,也称近端设备;被控端设备通常设在远离交换局而接近用户的地方,也称远端设备。近端设备是由交换接口、接续网络、中心控制、内部呼叫检测和复接器 5 个单元组成的。远端设备是由用户电路、接续网络、远端控制和复接器 4 个单元组成的。

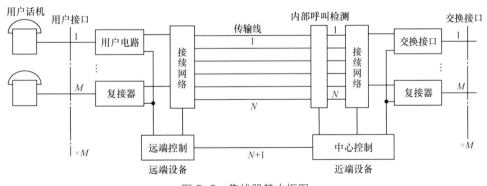

图 3-3　集线器基本框图

近端设备通过 M 对实线与交换机连接;远端设备通过 M 对实线与用户话机连接。如果不用集线器系统,这 M 个用户话机是可以直接与 M 个交接机接口直接连接的。因而在一个电话网中，用户接口与交换接口具有统一标准。

接续与控制单元是集线器的设备主体。近端设备主体与远端设备主体起的作用基本相同。二者工作是完全同步的。如果在近端设备中把第 i 号传输线与交换机的第 j 号接口连通，在远端设备中也必须把第 i 号传输线与第 j 号用户话机连接起来。即完成了第 j 号用户话机与第 j 号交换机接口之间的连接。不同点仅仅在于远端控制单元受中心控制单元控制。这样，通过集线器就可以根据需要，把 M 个用户话机与和它们一一对应的交换机接口连接起来，只要同时要求的连接数小于传输线数（N），就可以满足通话需要。前面已经说明，一个用户话机的实际使用效率是很低的，例如在 20%量级，那么 N 条传输线就能够满足 M 个用户需求。M/N 比值就是集线增益。如果用户话务量在 0.20Erl 量级，那么集线增益最高就可能达到 4 左右。当然，实际的话务量大小不一，而且是个统计平均数值，通常集线增益不能取得过高；如果取得过高，过载概率就要增大。综合观之，集线器与复接器相比，其明显长处是提高了线路利用率，付出的代价是设备复杂一些。

通常用户线话务量强度较低（在 0.2Erl 量级），适于使用集线器而不便使用复接器；中继线话务量强度较高（在 0.7Erl 量级），适于使用复接器而不宜使用集线器。在工程应用中，取舍最终取决于集线增益与设备复杂化所引起的经济得失。

2. 接口关系

前面已经说明，集线器是由用户电路、接续网络、控制机和复接/分接单元组成的。其中，用户电路是数字交换机、基群数字复接器以及数字集线器的通用插件，而数字复接/分接器已经有了统一的国际标准。所以，事实上集线器系统已经有了现成的对外接口标准。集线器设计必须符合这些统一标准。本节所要叙述的是，集线器主体（即接续网络和控制机）与用户电路和数字复接/分接器的接口关系，目的是说清集线器的基本工作原理。

图 3-4 所示为接口关系。这是一种典型的数字集线器简图。近端与供电式交换机连接，远端与用户话机连接。图中符号：WN 是接交换机的音频终端接口，SN 是接用户话机的音频终端接口，CM 是通用编码器，DM 是通用解码器，MUX 是数字复接器，DMX 是数字分接器，CT 是集线器发送端，CR 是集线器接收端，标号"1"表示主控端，"2"表示被控端。集线器主体与音频终端或复接器之间都有两类连接线——信息链路和控制链路。

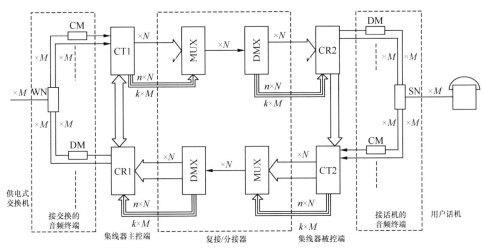

图 3-4　集线器接口关系图

接供电式交换机（人工或自动交换机）的音频终端典型电原理图见图 3-5。这种终端插件与供电式交换机的接口为二线接口，与集线器的接续网络及控制单元的接口都为共地的四线接口。当从集线器向交换机呼叫时，集线器的控制

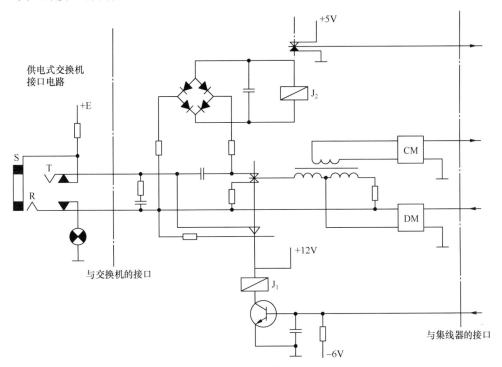

图 3-5　接交换机的音频终端简图

单元向音频终端发送+5V 直流控制信号，音频终端的三极管导电继电器 J_1 工作，常开触点闭合，为供电式交换机的接口电路提供直流通路，呼叫指示灯亮。当交换机接通时，来自集线器的数字话音编码信号经解码器，变成音频话音信号并进入交换机。当从交换机向集线器呼叫时，交换机通过接口电路中的环线（S），向音频终端发送规定频率的音频信号，音频终端把它整流成直流电压并推动继电器 J_2，常开触点闭合，向集线器控制单元送出+5V 直流信号以示呼叫。当集线器提供传输通路之后，话音信号经混合线圈到编码器，变成数字话音信号，进入集线器的接续网络。

接供电式用户话机的音频终端典型电原理图见图 3-6。这种终端插件与用户话机的接口是二线接口，与集线器的接续网络及控制单元的连接都为共地的四线接口。当从集线器向用户话机呼叫时，集线器的控制单元向音频终端发送+5V 直流控制信号，音频终端的三极管导通，继电器 J_3 工作，其常开触点闭合，向用户话机送出音频信号，用户话机振铃。当用户摘机之后即可收话，即来自集线器接续网络的数字话音信号，经解码器变成音频话音信号并送至用户话机。用户话机向集线器方向呼叫时，用户摘机，用户话机内的常开触点接通，为音频终端内的+60V 直流源提供一条直流通路，继电器 J_4 工作。继电器 J_4 的常开触点闭合，向集线器控制单元送出+5V 直流信号以示呼叫。

集线器的主体（接续网络和控制单元）和数字复接/分接器的连接与音频终端连接相比更为简单，因为数字复接器是通用的标准数字设备。数字复接器向集线器控制单元及数字编码器提供数字时钟信号，必要的话还可提供帧定位信号和字定时信号；数字复接/分接器向集线器提供 N 条双向的信息传输通路和 N 条信令通路（必要的话最多可提供 $4N$ 条信令通路）。所有这些通路连接全是在二进制数字接口上完成的。具体地说，这些接口都是最简单的缓冲寄存器。这些寄存器写入操作受复接器定时信号控制，读出操作受集线器定时信号控制。

数字集线器主体与外围单元的连接归纳如下（参见图 3-7）：与音频终端双向信码连接 M 条，双向用户信令连接 M 条；与复接器双向信码连接 N 条，双向传输信令连接 $n \times N$ 条（n 值根据需要在 1～4 之间取值），通过复接器沟通的集线器远端与近端之间的控制连接 $k \times M$ 条（k 值根据设计需要取值），来自复接器的各种定时。信号连接线 1～3 条。可见，集线器主体与外围单元连接线数是比较多的。所有这些接口信号统一受复接器产生的定时信号控制，所有这些接口信号电平都采用标准逻辑信号电平（如 0V 或 +5V）。

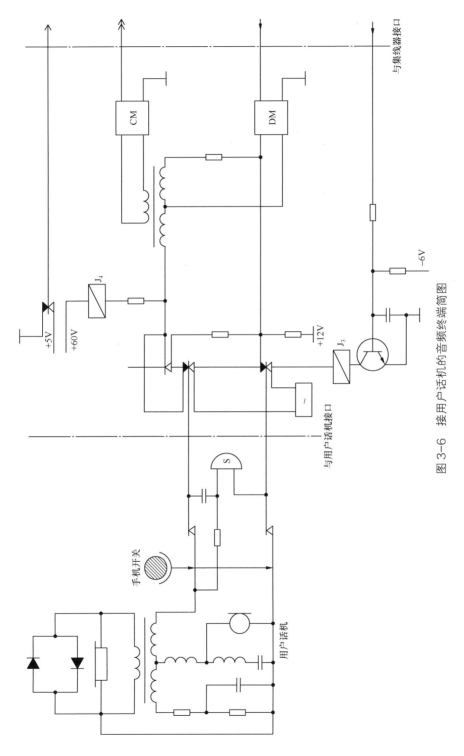

图 3-6　接用户话机的音频终端简图

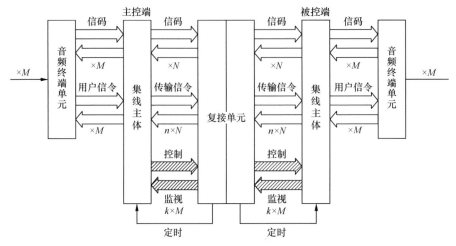

图 3-7　集线器主体与外围单元连接图

3. 控制和接续

图 3-8 给出了集线器主体部分（控制单元和接续网络）的构成简图。这是一种典型的例子。主控端用微处理机做控制单元，被控端采用固定的布线逻辑单元做控制。如果两端都用布控逻辑单元，控制单元本身可以做得比较简单。但是，增加监视检测功能时，整个设备就要复杂化，而且维护功能难以做得完善。如果两端都采用微处理机控制，检测维护功能会得到充分改善，但是被控端就不那么简单了。这对在室外环境之下工作的远端是不利的。在设计集线器时，首先考虑的是尽可能简化远端设备。因此，在设计控制系统时，尽可能把控制功能集中在主控端。所以主控端通常采用微处理机控制，以完成绝大部分控制功能；远端用布控逻辑电路来完成尽可能少的控制功能，以简化设备。图 3-8 所示的方案就是出于这种折中考虑而构成的。主控端控制单元包括微处理机、控制接口及线路扫描单元，后者用于监视交换机线路工作状态（空闲或示忙）。被控端控制单元包含控制器和环路扫描单元两部分，后者用于监视用户环路工作状态（摘机或挂机）。控制器根据线路或环路工作状态，实施接线或拆线控制，而接续网络完全处于被控状态，完成接线或拆线操作。

集线器的控制功能十分简明。但是具体实现这种控制却有多种方案。根据图 3-8 的思路，把控制功能最大限度地集中到主控端，被控端的控制器尽可能简化。下面介绍一种具体的控制方案。

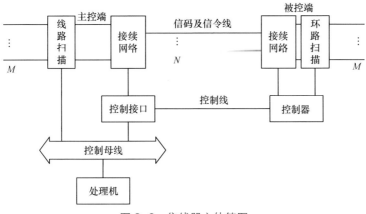

图 3-8　集线器主体简图

　　远端主叫时的控制信号流程见图 3-9，控制过程流图见图 3-10。当远端摘机时，远端控制器向主控端送出摘机信号。近端控制器接到远端摘机信号后，判断是否有空闲通路，如果没有空闲通路就向远端送忙音，则远端挂机；如果有空闲通路，就发出接线指令。在远/近端和发/收方向 4 个接续网络中，CT1接续网络起主导作用，只要它接线其余 3 个接续网络都接线，只要它拆线其余3 个接续网络也同时拆线。这样做就可以简化控制信号及控制过程。接线后向近端发送振铃，同时给远端发送回铃音。当近端摘机后，接续处于保持状态，直到远端或近端挂机之后拆线。

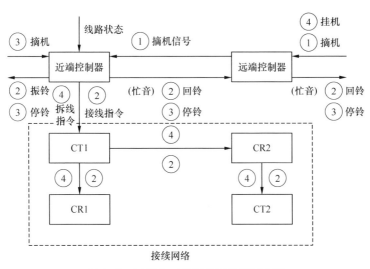

图 3-9　远端主叫控制信号流程示意图

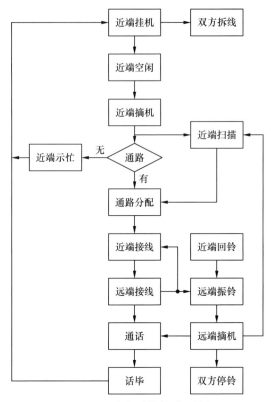

图 3-10　远端主叫控制过程流程图

近端主叫时的控制信号流程见图 3-11，控制过程流程图见图 3-12。当近端

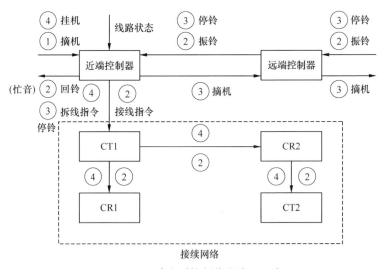

图 3-11　近端主叫控制信号流程示意图

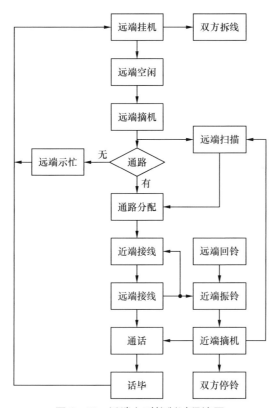

图 3-12　近端主叫控制过程流图

摘机时，近端控制器判断是否有空闲通路，如果无空闲通路就发出忙音，近端挂机；如果有空闲通路，就发出接线指令，接续网络接线，同时向远端发振铃音，向近端发回铃音。当远端摘机后，则接续进入保持状态，双方停铃，进入通话状态。话毕，任何一方挂机，则接续网络拆线。

　　上述介绍的目的是说明集线器工作的基本原理。这只是一种原理性的或示意性的介绍。实际控制信号流程要复杂一些。例如对应每条控制指令，在被控单元执行操作之后，要向主控单元发出回答或状态指示信号；有些操作需要一些保持或锁定控制信号。此外尚未引入维护检测方面的控制功能。最后还要说明，此处介绍的只是一种典型的集线器工作原理，其他集线器变形方案将在下一节中介绍。

4. 内部呼叫处理

　　使用集线器的场合要具备两个条件：一是线路话务量强度要低；二是内部

摘机话务量强度也要低。前一个条件前面已做说明，本节着重说明第二个条件限制以及相应的改善措施。

在无特别措施的集线器系统中，如果同属一个远端的两个用户之间要求通话，主叫用户首先占据一条传输线，通过交换机建立连接，与被叫用户占据的另一条传输线沟通。这样一对用户之间通话就要同时占据两条传输线，因此会降低集线器系统的工作效率。为了提高这种远端内部通话效率，集线器系统内部需要增加一种附加设备，即内部呼叫处理设备。图3-13给出了这种附加处理的示意图。

实现这种内部呼叫处理，集线器系统要补充3种附加功能：要能识别同一集线器系统中已经建立的两条连接线是否属于内部呼叫，即通话的两个用户是否同属于一个远端；在远端接续网络中要备有特别的桥路，能够搭接两对用户线（通常的远端接续网络只能连接用户线与传输线）；在两个远端用户之间建立起直接连接之后，在近端对应序号的用户线接口上要能给出示忙信号，表示这两个用户话机正处于通话状态。

为了不使用特别的拨号系统或特别的程序识别电路，即为了最大限度地简化设备，通常按下列工作步骤来设计这种内部呼叫处理装置。首先，内部呼叫如同从内部向外部呼叫或者从外部向内部呼叫一样来建立集线连接。即首先主叫用户面向交换机建立起一条连接；通过交换局沟通，随后再建立另一条面向用户的连接，所以这种内部呼叫建立之初同时占用两条传输链路。在被叫用户摘机之后，经过一段时延（如100～250ms），近端设备的内部呼叫检测器开始识别，即识别正在使用的两条传输链路是否属于内部呼叫，如果确认是内部呼叫，就经过主控单元指示远端控制单元，在远端接续网络中提供一条桥路把两对用户线搭接起来；如果已经完成了这种桥接，远端控制单元就通知中心控制单元，将已经建立的两条用户线/传输线连接释放；同时给与远端用户对应的两对近端用户线发出示忙信号，这两对用户线就不再接受来自交换机的呼叫。当远端用户挂机时，由中心局控制拆线和取消示忙信号。这样处理的结果是，尽管内部呼叫建立之初需要占用两条传输链路，但是占用时间很短，然后就不再占用传输链路。可见这种内部呼叫处理机构是有实用价值的。但是，出于设备简化考虑，这种内接桥路不能设置太多。这就是集线器适用于内部话务量强度较低场合的原因。如果内部话务量较高，例如超过50%，通常不再使用集线器，适于采用用户专用交换机或远端交换模块设备。

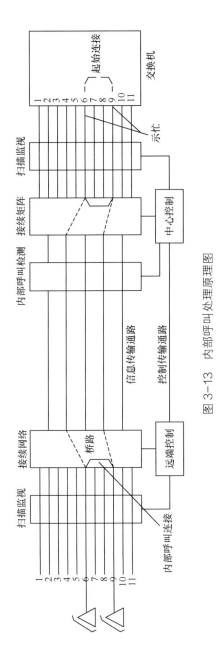

图 3-13　内部呼叫处理原理图

3.3 集线器分类

集线器设备依实际应用场合或工作方式的不同可以分为各种不同的类别，例如可分为：集中型的和分散型的；分立型的和综合型的；用户型的和中继型的；有线型的和无线型的，等等。前面介绍的典型集线器在空间布局上属于集中型的，在结构方面属于分立型的，在应用方面属用户型的，在传输介质方面属有线型的。本节着重介绍空间分散型、结构综合型、应用中继型和传输无线型等派生集线器。它们的工作原理都是一样的，但是在实现方法上做了相应改变，因而有了一些新的特定功能。

1. 分散型集线器

图 3-14 和图 3-15 分别给出了分支状和环状的分散型集线器方框图。分支

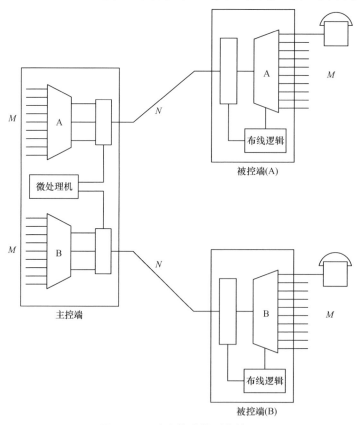

图 3-14 分支状分散型集线器

状分散型集线器与集中型集线器基本相同。不同点仅仅在于，分支状分散型集线器的主控端是用一个微处理机控制两个主控端。环状分散型集线器的主控端与集中型集线器的主控端一样，是用集中在一起的 M 条用户线与交换机连接，不同点在于被控端是分散在一个广阔的区域上，并且仅用一对单向链路把它们串联起来。显然，这种系统的优点是节省线路。

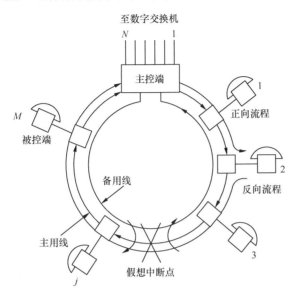

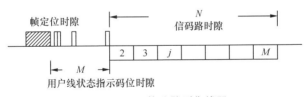

图 3-15　环状分散型集线器

本节将着重介绍环状分散型集线器。这种系统的关键是采用了帧编址技术。这种技术有两点值得说明：其一是如何用 N 个路时隙为 M 个用户提供服务；其二是如何用一个路时隙提供双向通话。

先来说明第一点。参见图 3-15 中的帧结构，一帧之中除了帧定位时隙之外，还含有 M 个用户线工作状态指示码位时隙和 N 个信码路时隙（每个路时隙包含的码位时隙数等于一个采样的编码字长，例如 PCM 编码，一个路时隙含 8 个位时隙）。M 个用户线工作状态指示码位的时隙位置顺序是固定地表示相应序号的用户线状态。例如，最靠近帧定位信号的码位是“0”，这就表示在本帧中不含有第 1 号用户线的信码；第 2 号码位是 "1"，就表示在本帧内有第 2 号用户线的信码。N 个信码路时隙就代表 N 条传输链路，这 N 条链路是按需分给 M 个用户使用的。N 个路时隙的占用情况与用户线工作状态指示码中 "1" 的顺序相对应。即状态码的 "1" 的个数刚好表示路时隙占用的数量，而且 "1" 出现的顺序也正是相应用户线占用路时隙的顺序。例如：状态码中的第一个 "1" 是属于第 2 条用户线，这就指明，第一号路时隙现在正在被第 2 条用户线占用。这种帧编址方式在下面将要介绍的话音内插技术中还要用到。

下面来说明第二点，即接收信码与发送信码共用一个路时隙问题。例如，第二号话机正在通话，从主控端到第二号受控端，这段流程称为正向流程。在正向流程的码流帧中，第二号用户占有其中一个路时隙，传送对方送给第二号用户的信码，即第二号用户的接收信码。正向码流抵达第二号被控端时，该被控端从码流帧中第二号用户占用的路时隙中取出信码，这就完成了接收过程。在读出信码之后，该路时隙就转入待用状态。因此，就可以用这个路时隙来传送第二号用户的发送信码。在一个码元持续时间之内，读出接收信码并写入发送信码在技术上是容易实现的。从用户端返回到主控端的流程称为反向流程。显然，在正向流程与反向流程中，路时隙的占用关系及其对应的用户线状态指示码都未发生变化，不同点在于正向流程中的是接收信码，反向流程中的是发送信码。

这种环状分散型集线器的线路利用率是比较高的，但是可靠性比较差。例如，环路一旦中断，所有的用户都不能再进行双向通话。这时正向流程上的用户只能收信而反向流程上的只能发信。为提高系统设备可靠性起见，在实用系统设计中可以设置两条环路，图 3-15 给出了这种示例。如果环路发生一处中断，则接近中断点的受控终端立即把两条环路连通，于是整个环状分散型集线器就重新组成为两个枝状分散型集线器。这种环路结构与图 3-14 所示的方案类似。可见，反向流动的备用环路会有效地改善环状分散型集线器的系统可靠性。

2. 综合型集线器

图 3-16 给出了交换机用户环的几种典型组织情况。其中，（1）是典型集线器与交换机的连接情况，与下面要介绍的综合型集线器比较，称为分立式集线器。这种集线器与交换机是彼此独立的，它们之间完全是通过相同的标准用户线连接。因此，这种集线器只要配备合适的接口电路，就可以与各种型号或各种形式的交换机连用。

分立式集线器的主要优点是使用灵活，缺点是设备比较复杂。事实上，这种集线器的主控端的全部控制功能完全可以由交换机来完成。因此，就可以把集线器的主控端设备完全纳入交换机之中，集线功能也可以由交换机的接续网络来承担。这样重新组合之后，传输通路的近端就与交换机直接连接，远端则照常连接集线器的远端设备。这种只存在集线器远端，而近端功能由交换机完成的集线器，称为综合型集线器。综合型集线器的明显优点是设备简单，但是它只能与这种特定的交换机连用。而远端集线器与交换机之间的连接不再是标准用户线，而是传输线（其中包括信息传输通路和控制通路）。这种传输线是由这种特定的集线系统决定的。

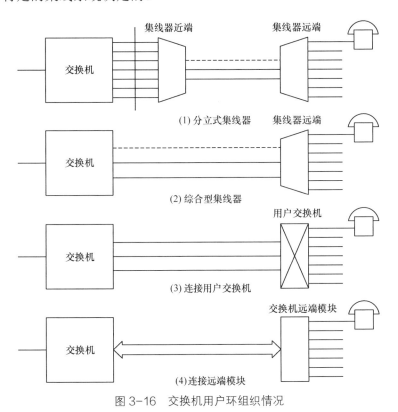

图 3-16　交换机用户环组织情况

综合型集线器设备是简化了，但是传输线必须做特殊规定，而且远端没有独立交换能力。针对这些缺点或不足，出现了用户专用交换机。用户交换机与交换局之间的连接是标准的用户线，而它本身有内部独立交换能力。但是用户交换机通常是由用户自行管理的，向用户呼叫如同使用普通用户话机，通过用户信令建立连接，即通过人工接入。虽然少量外界话机也可以具有直接呼入（DID）功能，但是软件与硬件都比较复杂。

如果增加综合型集线器远端的内部交换能力，即同属一个远端的两个用户之间通话不再需要交换机来控制，那么这种系统就成了交换机的远端模块。远端模块是交换机的组成部分。使用这种远端模块把交换机的服务半径延长了，从而改善了交换系统的经济性。这时交换机与远端模块之间必须设置特定的接口和特定的布线。综合型集线器演变成交换机远端模块，带来了明显的性能改善，在技术上也未遇到特殊困难。在实际应用中，有的国家仍然把远端模块叫作远端集线单元。

3. 无线集线器

图 3-17 给出了无线集线器简图。无线集线器的主控端是由主控集线单元和基地电台组成的，远端是一些移动电台。其实这是一种用无线信道连接起来的分散型集线器系统。移动电台数（M）与近端和交换机连接的用户线数（M）相等；信道数（N）就相当于传输链路数。电台相当于传输链路与集线器终端之间的接口设备。

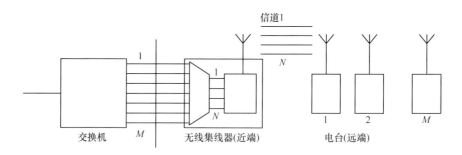

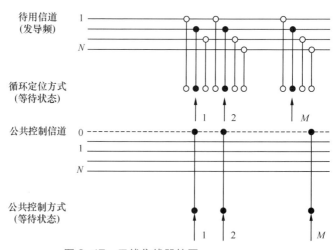

图 3-17　无线集线器简图

需要稍做说明的是信道分配方法。实际应用中无线集线器有多种信道分配方法，图 3-17 列举了两种典型的信道分配方法。其一是循环定位信道分配方式。如果信道尚未用完，则有一条信道处于待用状态。基站从待用信道连续发导频，所有处于待用状态的电台经搜索最后对准这条待用信道准备通话。不论近端主叫或远端电台主叫，立即占用这条待用信道，则这条待用信道就转入通话工作状态。随后基站就通过另一条信道发送导频，则这条信道就进入待用状态。其余未通话的电台重新扫描，找到并对准新的待用信道。采用这种循环定位方式，信道的利用效率比较高，但信道控制过程稍许复杂些，适合于信道数量不大的场合。另一种信道分配方式是公共控制方式。这与有线集线器类似，单独留一条信道作为公共控制信道，参见图 3-17 中的第 0 号信道。这条信道专门用来传送信道分配指令以及其他勤务信号，所有待用电台都对准这个信道。一旦出现呼叫，基站就通过这条信道向有关电台发出信道分配指令，相关呼叫电台就转入指定的信道进行通话。其余所有电台照常对准公用信道。这种信道分配方式虽然占用了一条单独信道，但控制过程却简明得多。这种控制方式适用于信道较多的场合。

上述无线集线器适合于电台之间内部话务量较小的场合，例如居住分散的农村地区。这种无线集线器与交换局连接采用通用的用户线接口，不需要交换局附加任何设备，因此也适用于一些临时性的建筑工地、公众集会等场所。如果各电台之间的内部话务量较大，通常不再采用这种无线集线器，转而使用无线交换机。它本身具有交换各电台间通话的能力，这时无线交换机与市话局之间不再采用用户线连接而是采用中继线连接。

3.4　数字集线器实例

1. ESSEX 集线器

ESSEX（试验用固定交换机）是美国贝尔实验室于 1959 年研制成功的试验用数字集线器。这是一种集中型集线器，主控端与被控端之间的数字链路速率为 1536kbit/s，帧频为 8kHz，帧长为 24 × 8bit，其中 23 个路时隙作为信码链路，用户线 256 条，采用分离电子器件。这是较早研制成功的数字式集线器。这种数字集线试验成功，为后来研制数字式集线器提供了相当完整的珍贵资料。

2. SLM 集线器

SLM（用户环路复用设备）是美国贝尔实验室于 1971 年研制成功的数字式集线器。它是数字复接与集线器的综合体。与 T_1 型中继数字复接设备合用。采用增量调制编码。用户线 80 条，传输链路为 24 路。在每用户话务量不超过 500CCS（百秒呼）和内部话务量小于 50%时，阻塞概率小于 0.5%。SLM 采用纵横接线器，可与任何形式的交换机连接。最多可以串接 6 个分散布局的远端设备，环路总传输速率为 1544kbit/s。SLM 系统 1968 年首次试验，1972 年现场试验，共装 190 套，于 1977 年停产。SLM 系统设计与试验证实了在用户环路系统中采用数字传输和电子控制电路的适用性，并为后续的数字集线器设计奠定了技术基础。

在 SLM 系统设计与试验的基础上，贝尔实验室于 1975 年研制成采用 TTL 电路的 SLC-40 集线器系统；于 1976 年研制成采用存储程序控制的 LSS 集线器系统。这两个系统在技术性能上更为先进，设备更为简单，价格更为便宜。这两种系统于 20 世纪 70 年代中期取代了 SLM 系统。

3. D960 集线器

1971 年研制成功的 D960 集线器，利用 24 条传输链路为 96 个用户提供服务。这种系统的主要特点是引入了内部呼叫接续能力。

4. DMS-1 A 集线器

DMS-1 A 系统是加拿大北方电信公司于 1977 年推出的产品，它符合 CCITT/CEPT 标准，用一个或多个 2048kbit/s 标准 PCM 通路为最多 256 个用户服务，这是一种综合型用户集线器，主要技术参数如下。

最大用户线数：512；

远端用户线组合：512×1；256×2；$128 \times 1 + 64 \times 4$；

最大远端数：8；

等效通路数：30、60、90 或 120；

传输系统：2048kbit/s 标准 PCM 基群系统；

远端距离：数字有线 100km；数字无线 300km；

用户线阻抗：600Ω；

回损：15dB（300～2 500Hz）；

空闲通路噪声：-62dBm0p；

串话：-60dBm0p；

振铃电压：50/100V ± 10V；

线路电流：15～120mA；

线路插入电阻：20kΩ；

拨号脉冲速度：7～12/16～25pps；

远端/近端尺寸：2200mm × 600mm × 260mm；

远端/近端重量：200kg；

室内工作环境：温度 0℃～+ 55℃；温度 5%～95%（+ 35℃）；

供电要求：50V/60V 直流；110V/220V 交流；远端遥供；

　　　　　功耗：600W/近端；850W/远端（512 线）。

5. B281 集线器

B281 集线器是美国 LYNCH 电信公司于 1976 年推出的产品，至 1984 年已经销售 2524 个系统。这是一种程控空分用户集线器，其 IV 型机的远端具有内部交换能力。主要技术性能如下。

最大用户线数：128（每个模块 16 线）。

最大传输线数：32（每个模块 8 线）。

总线接线：3 线（收话端、振铃和套筒接头）或

　　　　　2 线（收话端和振铃）。

局端/远端尺寸：149.6cm × 53.3cm × 40.6cm；

内装话务量监视：每小时或每日呼叫总数；

　　　　　　　　用户线使用分钟数；

　　　　　　　　线路繁忙阻断数；

　　　　　　　　繁忙小时百秒呼。

系统告警：电源中断。

通话衰耗：0.1dB（1000Hz）。

阻塞概率：5‰。

最大用户环阻：2000Ω。

环境温度：远端机箱内：− 40℃～+ 60℃，

　　　　　近端局室内：0～+ 60℃。

供电要求：44V/56V 直流；110V/220V 交流。

6. ELD 96 集线器

ELD 96 集线器是瑞士 GFELLER AG 电信公司产品，主要性能指标如下。

用户线数：32、48、64 或 96。

中继线数：16。

控制线数：1。

每条用户线话务量：0.085Erl。

连接时间：500ms。

交换局接口：3 线或 2 线（适应各类交换机）。

远端距离：交换局到远端：1200Ω；

远端到用户：2000Ω。

插入衰耗：无浪涌保护：0.15dB（3 线接口）/ 0.3dB（2 线接口）；

有浪涌保护：0.45dB/0.6dB。

供电要求：电压：44～66 VDC，

电流：0.5A；

远端由局端遥供，NiCd 电池备用。

温度范围：局端 0℃～+ 50℃，远端−25℃～+ 60℃。

体积（3 线/2 线）：室内设备：420/600mm × 456mm × 445mm；

室外（铁壳）：1034mm × 550mm × 445mm；

室外（聚乙烯）：988mm × 754mm × 296mm。

重量（3 线/2 线）：室内设备：45/60kg；

室外（铁壳）：75kg；

室外（聚乙烯）：85kg。

7. ZD-D 集线器系列

ZD-D 集线器系统是西门子公司 20 世纪 80 年代的产品，这是一种专为在线用户上传分组数据而设计的统计复用集线系统。参见图 3-18，这种系统是由远端（ZD-DE—单通路复用器）和近端（ZD-DK——集线通路复用器）组成的。远端靠近数据终端（EE）和数据电路终端设备（DCTE），最多能复接 128 条单路信号，单路信号速率可以是 0.75kbit/s、1.5kbit/s、3.0kbit/s、6.0kbit/s 或 12.0kbit/s；ZD-DE 通过两条复接链路与 ZD-DK 连接，每条复接链路的传输速率是 64kbit/s 或 9.6kbit/s；ZD-DK 与数据交换机的连接通路数最多为 48 条。这种统计数据复用系统与通常的时分数据复用系统不同，不采用确定的时隙分配方式。ZD-D 系统只把链路时隙分配给那些要求发送或接收数据的通路，即分配被激活的通路。因此，这种复用/集线系统比常规数据时分复用系统具有更高的信道利用率。

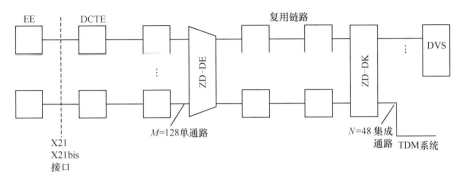

图 3-18　ZD-D 系统简图

第4章 话音内插

4.1 话音内插问题

话音内插（Speech Interpolation）是根据话音突发规律，在同一条传输通路上交叉传输多路话音信号以提高传输系统利用效率的一种技术方法。这是一种古老的并被实践证明是行之有效的通信技术。这种技术最初用于洲际海底电缆通信系统之中，后来在卫星通信系统中得到应用。因为洲际海缆信道和卫星信道费用十分昂贵，所以设法提高信道利用效率很有意义。尽管话音内插设备比较复杂，但就整个通信系统而言，采用这种技术仍然会明显地改善总的经济性。在陆地网中，传输信道就不那么昂贵，这时采用比较复杂的话音内插设备就未必合算，因而未得推广。近年随着通信技术、计算机技术及电路工艺技术的发展，话音内插设备的造价日趋降低，技术性能逐渐改善，因而出现了向陆地网推广应用的趋势。

话音内插技术的基本原理是十分简明的。在数字电话网中，全双工电话系统通常是采用两条彼此独立的通道，即采用四线通话方式。众所周知，两个人之间通话，通常是一方说话，另一方听着；一方说完，另一方才说。这样看来，一条单向数字通道的利用率，充其量只有 50%。事实上，一方说话也不是连续不断的，而是断断续续的；此外，两个人说与听的交替也不是立即完成的，至少存在一个考虑之后再答复的空闲时间（参见图 4-1）。因而一条单向数字通道的通话利用率不会达到 50%。统计测量表明，一条单向数字通道作为电话电路应用时，实际利用时间约占总时间的 40%。

话音内插技术就是以电话通路统计占用规律为基础的。既然一条单向电话通路统计平均利用率只有 40%，那么就可以设法把空闲的 60% 时间利用起来，这就是话音内插技术的基本设想。实现话音内插，可以采用模拟处理方法或者数字处理方法。采用数字处理方法来实现话音内插，称为数字话音内插（Digital Speech Interpolation，DSI）。近代实现话音内插技术几乎都采用数字处理方法。

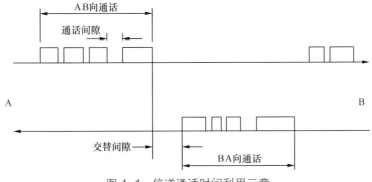

图 4-1　信道通话时间利用示意

图 4-2 给出了 DSI 系统方框图。DSI 发送端是由话音识别和发送控制两部分组成的。其输入端接数字用户线，输出端接传输通路和控制通路。DSI 接收端是由接收控制单元组成的。其输入端连接话音传输通路和控制信号传输通路，输出端连接输出用户线。

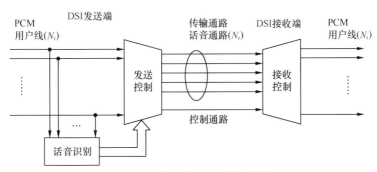

图 4-2　DSI（单向）系统方框图

假定系统连接 N_t 条用户线，并且同时被 N_i 对人通话占用；系统连接 N_t 条话音传输通路，其中 $N_i > N_t$，即通话人对数大于通信系统的话音传输通路数。系统工作是这样约定的，只有正在说话的人才分给他传输通道，说话停顿时，就暂时把话音传输通道分给别人用。这种过程是靠 DSI 发送端实现的，即借助话音识别器来检测各条用户线上是否存在话音信号，根据测量结果向发送控制器输出控制信号。发送控制器根据这种控制信号来控制 N_i 条用户线中的一部分（最多 N_t 条）与 N_t 条话音通路实现连接，同时把这种连接分配信息，通过控制通路送给 DSI 接收端。DSI 接收端根据接收到的连接分配信息，控制话路传输通路与对应的用户连接。这样，整个 DSI 系统就完成了提高信道利用效率的作用。在典型情况下，用 N_t 条通路同时提供 N_i 对用户通话。比值 N_i/N_t

就是所获得的内插增益。

前面已经提到，DSI 系统工作原理是以人通话持续时间的统计规律为基础的。对于一条用户线而言，只有足够长的通话进行时间才能体现出这种统计规律；对于某一时间间隔而言，只有足够多的通话人（即足够多的用户线）才能体现出这种统计规律。对于平稳随机过程而言，两种统计规律是统一的。因而，设计一个 DSI 系统，用户线必须足够多，相应的话音传输通路也必须足够多。此外，在不同时间间隔内，必须随时改变信道分配状况。这种时间间隔就是帧周期。即在每个帧周期内，用户线与传输通路连接状况保持不变；在不同帧周期内，相应的连接状况就可能改变。鉴于 PCM 的采样速率为 8kHz，故 DSI 的帧周期通常取 125μs 的整倍数。

在图 4-2 所描绘的 DSI 方框图中，为了解释方便，将用户线画成 N_i 条分离的实线，传输通路则画成分离的 N_t 条音频通路和一条控制通路。实际上，用户线路通常是几条复用的群路，例如几条标准基群（2048kbit/s）通路。传输通路一般也是复用的群路，即把 N_t 条传输通路复接成一条标准高次群通路或基群通路。

4.2 话音内插原理

图 4-3 给出了典型的数字话音内插系统的工作原理图。输入信号是一组 PCM 复用群路信号，包含 N_i 路数字话音信号（如 64kbit/s PCM 信号）。它们同时进入发送识别/控制单元和发送缓冲存储器。发送缓冲存储器受发送识别/控制器控制。发送识别/控制器依次识别各条输入话音通路，是否存在话音信号。如果有话音信号，就把该路信号的采样数字写入发送帧存储器；如果没有话音信号，就不往帧存储器中写数字。这种识别与写入过程是以帧为周期的。发送帧存储器中含控制时隙和话路时隙两部分。控制时隙是按输入话音通路（共 N_i 条）编号顺序固定分配的，话路时隙（共 N_t 个）是按识别次序按需分配的。如果有话音信号的输入通路数小于或等于话路时隙数，那么就可以实现正常传输；如果同时有话音信号的输入通路数大于话路时隙数，就会出现过载（或竞争）现象，因而影响正常传输。

在一帧中，有话音信号的输入通路就占用话路时隙；没有的就不占用话路时隙。为了在接收端能够正确分路，发送端必须设置一种信息/地址控制信号。这种信号标明，在本帧中，第 i 条输入通路是否有话音信号；如果有，就指明其信息内容存于那个话路时隙（地址）之内。这种信息/地址控制信号就存在

于控制时隙的第 i 号时隙内。

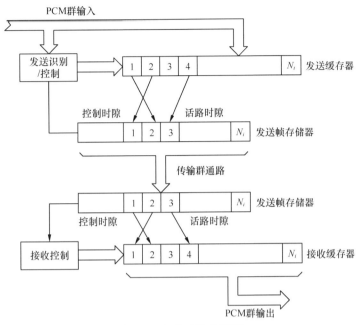

图 4-3　DSI 系统原理图

接收帧存储器中的内容是从发送帧存储器中接收过来的。控制时隙中存的信息/地址控制信号，通过接收控制器起作用，依次把话路时隙中的采样数字写入接收缓冲存储器里对应编号的路时隙中。这就完成了话音内插的全过程。从上述介绍中可以看出，这种典型的数字处理话音内插（DSI）技术，是以时间分配为基础的。因而早期文献也把这种技术称为时间分配话音内插（Time-Assigned Speech Interpolation，TASI）技术。

下面介绍一种具体实现方案。

发送端设备简图见图 4-4。该设备共有 240 条输入通路，输入通路信号为频带占 300~3400Hz 的模拟话路。它们分别进入 8 个符合 CCITT 建议 G·732 的标准基群复接器（MUX/30）。每个 MUX/30 输出 2048kbit/s 的基群码流，经 240 路同步数字复接器合并为 16 384kbit/s 数字流。16 384kbit/s 数字流的一路进入 240 路话音检测器，分别检验各路话音信号是否存在话音突发信号，将其检测结果送入中心控制微处理机。16 384kbit/s 数字流的另一路进入数字延迟线，延迟 16ms 以补偿话音检测器引入的检测延时，从而消除检测剪音。数字延迟线输出信号受微处理机控制，写入压缩存储器（Compression Memory）。

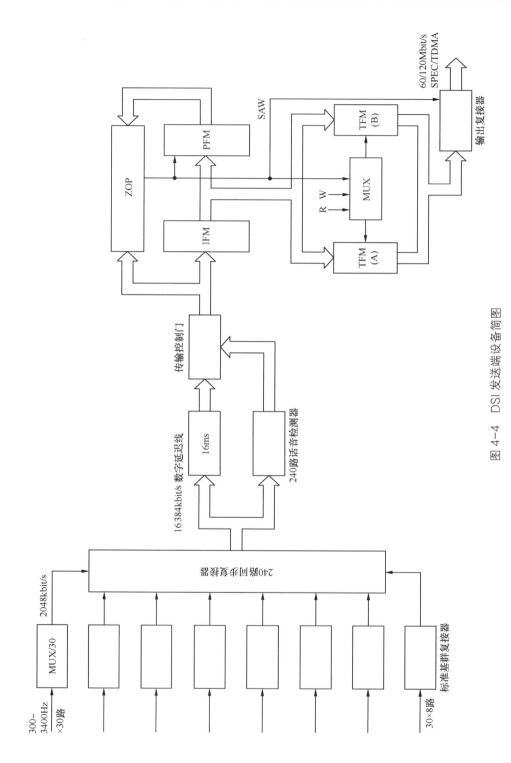

图 4-4 DSI 发送端设备简图

压缩存储器采用双堆栈结构，每个堆栈的容量都等于整个传输帧的帧长度。两个堆栈平常都处于半满状态，并在其左右浮动，从而完成缓冲作用。每个堆栈都分为两个部分：正常状态（不过载）时的存储时隙（计 N_t 个字时隙，即 $N_i \times 8\text{bit}$ 时隙），和过载状态时的存储时隙（计 h 个过载字时隙，即 $h \times 7\text{bit}$ 时隙）。在不过载的情况下，压缩存储器把 N_i 条用户通路中同时出现的话音突发的信号，以每个采样取 8bit 的完整 PCM 编码，按微处理机指定的位置，放到最多 N_t 条传输通路中传输出去。这就完成了正常情况下的压缩过程。在过载情况下，压缩存储器最多尚能存储 h 条过载通路的信码，但每个过载通路的信码只存 7 位码，舍去了权重最轻的一位码。因为过载时只传 7 位码（甚至 6 位码），这时压缩存储器受微处理机控制，把正常通路中的若干路 8 位码中的最轻码位舍掉，空出多余（最多 h 条）通路，用来传送过载通路码位。所有这些操作都是在写/读过程中完成的。具体地说，这些控制过程是在微处理机产生的分配状态控制信号的控制下完成的。这种控制状态与微处理机同时产生的分配信息编码相对应。压缩存储器输出信码与分配信息编码器产生的控制信号，在输出复接器中合并，形成最后的传输通路信号，送给接收端设备。

接收端设备简图见图 4-5。来自传输通路的信号同时输进分配信息解码器和

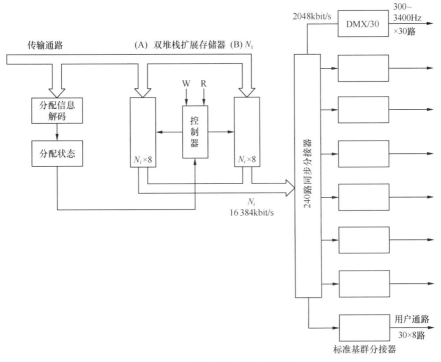

图 4-5　DSI 接收端设备简图

双堆栈扩展存储器。传输帧中的分配控制码经分配信息解码器，分离校验之后送给分配状态存储器，由此最后形成控制信号去控制双堆栈扩展存储器。双堆栈扩展存储器，每个堆栈的容量都为 $N_i \times 8\text{bit}$ 时隙，与发送端对应的每个堆栈平均来说都处于半满状态，并在左右浮动以完成缓冲作用。同时，扩展存储器受分配状态单元控制，把输入的经压缩处理的 N_t 路信号分别放入与各自用户通路序号相应的地址之中，在扩展存储器中有 N_i 个字时隙，即对应每条用户通路都有一个字时隙地址。这就完成了扩展过程。经过扩展存储器处理之后，DSI 系统就完成了话音内插处理全过程。随后，经 240 路同步分接器恢复成为 8 路 2048kbit/s 标准基群信号。再经标准基群分接器恢复成 240 条话路信号。

4.3　技术性能

本节首先介绍几个基本定义，然后讨论剪音、冻结及过载损伤。

1.　基本定义

在传输通路中出现的持续通话信号称为话音突发（Speech Spurt）；一次话音突发持续的时间称为话音突发长度（Voice Spurt Duration），记作 L_V；传输通路中出现话音突发的时间百分数称为话音激活率（Speech Activity），记作 P_a。测量表明，当通路完全示忙时，话音激活率约为 40%；当通路不完全示忙时，话音激活率低于 40%。例如，当通路示忙时间比为 85% 时，通路话音激活率只有 34%。

DSI 终端连接的用户线数称为输入通路数（Number of Incoming Channels），记作 N_i；DSI 发送端与接收端之间连接的长途线路数称为传输通路数（Number of Transmission Channels），记作 N_t；采用 DSI 设备之后，传输系统容量增值的倍数称为话音内插增益，记作 N_g。它等于输入通路数与传输通路数之比：

$$N_g = \frac{N_i}{N_t}$$

在 DSI 发送端，输入通路编号与当时（在本帧中）连接的传输通路编号的对应数据称为分配消息（Assignment Message）。在 DSI 系统中，必须把分配信息从发送端正确地传送给接收端，才能使 DSI 接收端正常工作，但实际上数据传输总会产生误码。分配信息的误码率记作 P_e；由一条分配信息误码所引起的未能接通的最大通路数，记作 M_m；重新连接所要求的分配信息比特位数，记作 M_n。

为 DSI 系统专门设计的帧结构的总时隙数，称为 DSI 帧长（DSI Frame Length），记作 L_d；每个 DSI 帧中分配信息占用的比特位数记作 M_d。

较多输入通路同时争用较少传输通路的现象称为竞争（Competitive）。

2.　剪音

一个话音突发的开头部分，因为某种原因未能传送到接收端，使得接收到的话音突发出现失真的现象称为剪音（Clipping）。在典型的 DSI 系统中存在 3 种剪音。

第一种是由于竞争引起的剪音，称为竞争剪音（Competitive Clipping）。这种剪音是 DSI 系统最主要的剪音。如果适当降低话音内插增益，竞争剪音是可以减小的。但是，DSI 系统设计总是力争提高话音内插增益，因而竞争剪音通常总是存在的。因此，正确的工程设计就是在尽可能提高话音依据增益的前提下，把剪音损伤限制在人们可以接受的范围之内。这个范围就是下面将要介绍的剪音门限和剪音超过门限的概率两项指标确定的。

第二种是话音检测剪音（Speech detector Clipping）。这是由于话音检测延时所引入的剪音。检测器识别话音突发需要占用时间。当检测器识别出一个话音突发时，这个话音突发已经出现了一段时间；识别之后才能发送，自然就把话音突发开头部分切掉了。在 DSI 系统设计中，通常与话音检测器并行设置一个延时单元来补偿检测器延时，从而消除这种检测剪音。

第三种是连接剪音（Connect Clipping）。这是由于 DSI 终端内部的请求、分配及连接等操作过程延时引入的剪音。正确的系统逻辑设计会把这种剪音降低到可以忽略不计的程度。除非为了简化硬件设计，可能会引入一些连接剪音，只要其数值远小于竞争剪音，就还是容许的。

主观评定表明，当剪音持续时间小于某个数值时，剪音对通话质量影响不明显；当剪音持续时间超过这个数值时，就会产生明显的影响。这个剪音持续时间的特定数值称为剪音门限，记作 t_0，主观评定表明，剪音门限数值约为 50ms。剪音长度超过剪音门限的频繁程度称为超剪音门限概率，记作 $P_c(t_0)$。显然，超剪音门限概率越大，剪音对通话质量的影响就越严重。主观评定表明，超剪音门限概率不宜超过 2.0%。一般情况下，剪音长度超过 t 的概率，记作 $P_c(t)$，通用计算公式如下：

$$P_c(t) = \sum_{r=N_t}^{N_i-1} C_r^{N_i-1} \cdot P_a^r (1-P_a)^{N_i-r-1} \cdot \exp\left[\frac{(r+1)\,t}{L_V}\right] \cdot \sum_{u=0}^{r-N_t} C_u^r \left(\exp\left[\frac{t}{L_V}\right]\right)^u$$

式中，N_i——输入通路数；

N_t——传输通路数；

P_a——话音激活率；

  t——剪音长度；

L_V——话音突发长度。

通常设计参数：$P_c(t) \leqslant 2.0\%$，$t=50\text{ms}$，$P_a \leqslant 40\%$，$L_V=5.1\text{s}$。

3. 冻结

冻结（Freeze-out）是指由竞争引起的话音损失现象。当话音突发被漏传时，在接收端就重复使用前个采样数值，如同采样值没有变化一样，故称冻结现象。由冻结引入的话音质量劣化程度可用冻结因子（Freeze-out fraction）表示。冻结因子是指由竞争引起的话音突发损失的百分数，记作 P_F，其计算公式如下：

$$P_F = \sum_{r=N_t}^{N_i-1} C_r^{N_i-1} \cdot P_a^r (1-P_a) \ N_i - r - 1 \cdot \frac{r+1-N_t}{r+1}$$

式中，N_i——输入通路数；

  N_t——传输通路数；

  P_a——话音激活率。

冻结因子较小时，对话音质量影响不明显；冻结因子超过某个数值时，话音质量将明显劣化，这个特定数值称为冻结因子门限。主观评定得出，冻结因子门限值 P_{Fth} 为 0.5%。在 DSI 系统中，通路信息和分配信息都要受到冻结现象的影响，其中后果比较严重的是对分配信息的影响。因为分配信息发生冻结，将使所有通路信息都发生冻结。发生两次分配信息冻结的平均间隔时间记作 T_F，计算公式为

$$T_F = N_i L_d \left/ \sum_{x=M_d+1}^{N_i} (x - M_d) \ Q(x) \right.$$

式中，N_i——输入通路数；

  L_d——DSI 帧长；

  M_d——每帧中分配信息占用的比特位数；

$$Q(x) = C_x^{N_i} q^x (1-q)^{N_i-x}$$

$$q = M_n P_a L_d / L_V$$

  M_n——重新连接所要求的分配信息比特位数。

分配信息冻结平均持续时间，记作 T_c，计算公式为

$$T_c = \frac{L_d}{B} \sum_{x=M_d+1}^{N_i} Q(x) \frac{x(n+1) - \frac{1}{2} M_d(n+1)(n+2)}{x \quad M_d}$$

式中，

$$B = \sum_{x=M_d+1}^{N_i} Q(x)$$

$$n = \left[\frac{x - M_d}{M_d} \right]$$

其中[·]是高斯符号，即取其中的整数值。

4. 误码中断

如果分配信息出现误码，将引起类似冻结现象的误码中断。令分配信息的平均误码率为 P_e，则引起的两次中断之间的平均持续时间为

$$T_M = \frac{L_d N_i}{M_m M_d \cdot P_e}$$

中断持续平均时间为 T_E，计算公式如下：

$$T_E = \frac{N_t L_d}{2(M_d - N_i M_n P_a L_d / L_V)}$$

式中，L_d——DSI 帧长；

N_i——输入通路数；

M_m——分配信息误码引起的最大中断路数；

M_d——每帧中分配信息位数；

N_t——传输通路数；

M_n——重新连接要求的分配信息位数；

P_a——话音激活率；

L_V——话音突发长度。

5. 过载

同时被激活的输入通路数超过传输通路数，这种现象称为过载。过载引起竞争，从而使得冻结系数、剪音长度及剪音概率明显增大，因而使得通话质量急剧劣化。过载现象通常用过载概率来描述。过载概率记作 $P(x)$，计算公式如下：

$$P(x) = \sum_{j=N_t+1}^{x} C_i^x P_a^j (1-P_a)^{x-j}$$

式中，x——同时被激活的输入通路数；

N_t——传输通路数；

P_a——话音激活率。

取 N_t=64 时的 $P(x)$ 计算曲线见图 4-6。当取话音内插增益 $N_g = \dfrac{120}{64}$（即取输入

通路数 x=120，话音激活率 P_a=34%时），过
载概率为 $P(x)$=0.01%；最坏情况下，即全部
输入通路都示忙时，P_a=40%，则过载概率为
$P(x)$=1%。

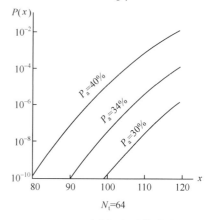

图 4-6　过载概率计算曲线

　　显然，过载是 DSI 系统最重要的损伤现
象。因此，过载对策是 DSI 系统设计的核心
内容。对于 DSI 系统来说，过载概念是十分
简明的，即在过载期间需要传送的信息比特
数超过了信道的比特时隙数。因而应对过载
的对策无非有两种：在过载期间，减少信息
比特数，或者增加信道比特时隙数。前者就
是设法减小信码比特速率；后者就是设法增大信道容量。从原理上来说，这两
种对策都是可行的。前一种对策就是 DSI 技术中具体实现过载对策的思想基
础。后一种对策虽然可行，但是它不属于 DSI 技术讨论的内容。例如，按需
分配技术就是以后一种对策作为基本思路的。

　　关于减小信码比特速率对策，首先来分解一下数字话音信号比特速率
的形成。众所周知，数字话音信号比特速率是由采样频率和编码位数两个
因子相乘得来的。例如话音信号标准 PCM 编码，采样频率为 8kHz，每个
采样取 8 位编码，因而得出话路传输速率为 64kbit/s。不难看出，要想减小
话路传输速率，要么减小采样频率；要么减少编码位数。但是，减小采样
频率或者减少编码位数都要使得编码失真增大，因而降低通话质量。适度
地降低话路传输速率会缓和过载现象，但是过分地降低话路传输速率却会
引起通话质量劣化。其实，这就是个内插增益与通话质量之间的折中问题。
一个良好的 DSI 系统设计，就是在通话质量劣化不明显的前提下，尽可能
获取较高的内插增益。

　　目前，减小采样频率的典型技术是话音预测编码通信技术（Speech Predictive
Encoded Communications，SPEC）；减少编码位数的典型技术是各种比特缩减

技术（Bit Rate Reduction Techniques，BRRT）。下面将具体介绍这两类典型的技术对策。

4.4 过载对策之一

本节介绍第一类过载对策——话音预测编码通信（SPEC）系统的工作原理和实现方法。

1. SPEC 工作原理

图 4-7 给出了 SPEC 系统工作原理图。

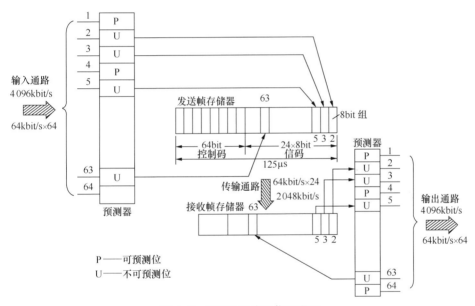

图 4-7 SPEC 系统工作原理图

该系统输入通路数 N_i=64，每条通路信号都是 64kbit/s PCM 信号，合成输入速度为 V_i=4096kbit/s；传输通路合成速率为 V_t=2048kbit/s。系统内插增益 N_g=2。

64 路输入信号以帧为节拍分别输入到 64 个并列的输入预测器中。在预测器中，把新存入的数字与前一帧存储的数字做比较。如果两者的比较结果差异小于某个规定的量化阶，这个新存入的数字就称为可预测采样（Predictable Sample）。如果两者差异大于这个规定的量化阶，这个新存入的数字就称为不可预测采样（Unpredictable Sample）。如果这种规定的量化阶取值足够小，那么在接收端就可以这样处理：用前一个采样数值来替代可预测采样的数值。因此，所有的可预测采样就没必要通过传输通路传输了，必须传输的只是那些不可预测采样。

不可预测采样数字依次进入发送帧存储器。发送帧的帧周期等于标准2048kbit/s基群帧的周期。发送帧结构是这样组织的：在8位帧定位信号之后，用64bit时隙，分别传送64个帧编址信号，每路占用一位；用"1"表示本支路在本帧中有不可预测采样数字输出；用"0"表示本支路在本帧中无采样数字输出。各路不可预测采样数字按路序编号大小次序，依次占用以下各个8bit时隙。一帧之中共有23个8bit时隙，即最多能同时传送23路不可预测采样数字。

综上所述，SPEC系统只需传输不可预测采样，这就大大降低了发送端与接收端之间的传码速率要求，因而降低了传输通路的过载概率。其中，不可预测采样的数量取决于信源特性和预测量化阶的大小。在信源特性不变的情况下，预测量化阶取值越小，则不可预测采样数量就越大；反之预测量化阶取值越大，则不可预测采样数量就越小。但是，预测量化阶越大，则引入的预测偏差也越大。可见，预测量化阶取值至关重要，这个数值一旦取定，过载概率和预测偏差也就确定了。

如果这样设计预测量化阶：预测量化阶的大小随信源情况变化而变化，而且一直保持不出现过载现象（即每帧中的不可预测采样数不超过23个），同时保持预测偏差尽可能小，SPEC系统就能在过载与预测偏差之间得到最好的折中。其实这种SPEC系统就是利用向多数通路平摊预测偏差来避免少数通路因过载而被阻断的危险。

发送帧存储器中的内容，经传输通路，送到接收帧存储器中。然后按接收帧中的帧编址码指示，把本帧中各个字时隙的内容依次写进接收预测器中。接收预测器其实就是一个输出缓冲存储器。在读出每帧内容时，如果有最新内容就读出最新内容；如果没有新内容传来，就读出上一帧原来的内容。这样，就完成了整个预测通信过程。

在本实例具体条件下，总输入速率 $V_i=4096\text{kbit/s}$，总传输速率 $V_t=2048\text{kbit/s}$，单路话音编码速率 $V_s=64\text{kbit/s}$，话音激活概率 $P_a=40\%$，采样可预测概率（即前后采样差值 Δ 小于量化阶 K 的概率）$P_p=25\%$，则平均预测激活概率（即单路平均出现不可预测采样的概率）P_k 及同时激活的平均路数 N_k 分别为

$$P_k = P_a(1-P_p) = 30\%$$

$$N_k = [P_k \cdot N_i] = 20 < N_i = 23$$

可见，这时不会出现过载。为此而引入的预测损失（量化信噪比劣化）约 0.5dB。可见，这种方案技术性能是令人满意的。

2.　设备实例

仍以图 4-4 所示方案为例，说明 SPEC 设备实现细节。参见图 4-8。通过传输控制门的各路采样信号，进入中间帧存储器（Intermediate Frame Memory，IFM）和量化阶检测器（Zero-Order Predittor，ZOP）。IFM 最多能存储 240 个 8bit PCM 采样字。受 ZOP 控制，IFM 把部分采样数字送入预测帧存储器（Predictor Frame Memory，PFM）。ZOP 计算 PFM 中存的前一帧的采样数字与 IFM 中存的本帧对应通路的采样数字的差值。如果差值大于量化阶，就把 IFM 中的采样数字输入到 PFM 中，以取代 PFM 在该路字时隙中原来存储的内容；同时，把 IFM 中的这个采样数字输送给发送帧存储器（Transmit Frame Memory，TFM）。如果差值小于量化阶，IFM 就不输出信号。ZOP 能自适应调节量化阶的大小，最终保证 IFM 输出的同时激活的总路数不超过 TFM 总的字时隙容量。

发送帧存储器总容量为 90 个 PCM 字节，由它形成传输通路的帧结构。此处实用的 TFM 采用双堆栈式结构，每个堆栈的容量都为 90 个 PCM 字节。实际工作中分别都处于半满状态，这样就会起到消除因突发/预测起伏的平滑缓冲作用。TFM 受读写时钟（R 及 W 信号）控制，连续完成写入和读出操作。其中写入速率通常是不均匀的，而读出速率受传输通路时钟控制，它必须是均匀的。TFM 输出的各路不可预测采样数字（最多 90 路，共占用 $90 \times 8bit$ 时隙）和 ZOP 输出的地址信号（其中每个通路占用一个比特时隙，即共占用 240 个比特时隙），在输出复接器中合并到一起，形成传输帧并发送出去。帧周期为 125μs，帧长为 $8+240+90 \times 8=968bit$，传输速率为 7.744Mbit/s。

接收端设备简图见图 4-9。接收信号经输入分接器分解出采样信号及地址信号（SAW）。SAW 信号经奇偶校验判定无误，经帧定位单元肯定时间位置正确之后才起控制作用。SAW 信号把与之对应的采样信号写入 TFM 单元之中。接收端的 TFM 与发送端的 TFM 类似，都采用双堆栈结构。经缓冲调整消除预测恢复过程引入的码元宽度不均匀之后，送入 PFM 单元。这样就恢复成了原来的 16 384kbit/s 码流。再经 240 路同步分接器分解为 8 路标准 2048kbit/s 基群码流。最后经各标准基群分接器分解为 240 路 64kbit/s 数字话路信号或者 300～3400Hz 的模拟话路信号。

接收端工作过程的要点在于，不容许预测地址信号（SAW）出现传输误码。如果发现 SAW 出现传输错误，立即冻结全部采样数字。

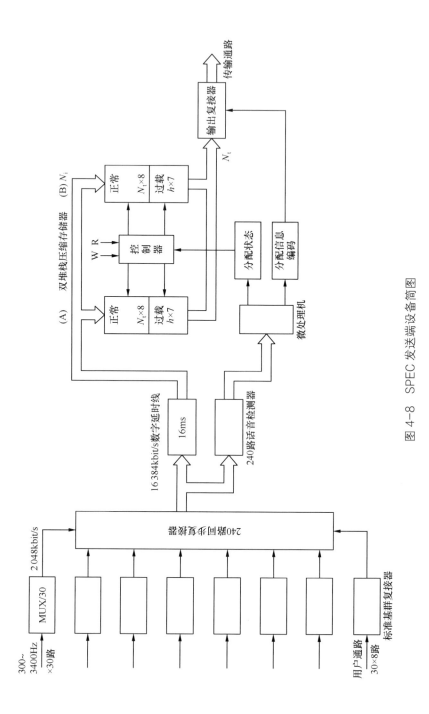

图 4-8　SPEC 发送端设备简图

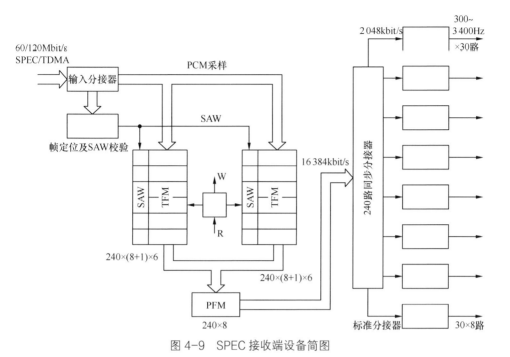

图 4-9　SPEC 接收端设备简图

4.5　过载对策之二

本节介绍第二类过载对策——DSI 与其他技术结合形成的各种组合方案。

1. PRIMAT 系统

这是一种 DSI 与波形编码技术相结合的方案。设备简图见图 4-10。

复接群信号被输入话音检测单元和延时单元，只有出现话音突发的各路信号才被取入话音缓冲器，然后经复接编排再发送出去。这种工作过程与普通 DSI 系是一样的。不同点在于此处采用 32kbit/s 增量调制编码，即每个采样只用一位编码。因此本系统采取的过载对策只能是一旦过载就不传采样。这种对策既可称为缩减编码位数对策，也可称为降低采样频率对策。

图 4-11 给出了 PRIMAT 系统的帧结构设计。复帧周期为 8ms，共含 64 个基本帧。每经一个复帧更新一次插空工作状态，即插空操作周期为 8ms。基本帧帧长为 256bit，其中 16bit 用于传送勤务数字，240bit 传送采样数字。该系统共有 60 条传输通路，故每条传输通路在每个基本帧中占用 4bit 时隙。勤务

数字时隙中，帧定位或分配码占 7bit 时隙；信令占 4bit 时隙（用于传送两条话路的信令）；随后 4bit 时隙是这样分配的：在所有传输分配码的基本帧（全部 T 帧）中，这 4 个时隙用于传送分配码的奇偶校验位；在所有传输帧定位信号的基本帧（全部 S 帧）中，这 4 个时隙留作备用。最后一位勤务数字用于告警指示。S_0 帧传复帧定位，S_1、S_2 和 S_3 帧传基本帧定位信号，所有 60 个 T 帧传送分配码。$T_1 \sim T_{60}$ 的空间位置就代表 60 条传输通路的序号。T 时隙中的数字代表在该传输通路中所传输的信码是属于哪条输入通路。T 码共有 7bit，总计能表示 $2^7 = 128$ 条输入通路序号。这样就把输出通路与传输通路在本复帧中的连接状态表达清楚了。

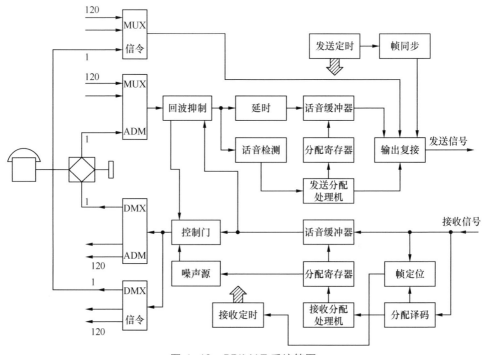

图 4-10 PRIMAT 系统简图

从上述介绍中可以得出该系统的主要性能。因为复帧周期取 8ms，所以当系统不过载时，最大连接剪音为 8ms，平均连接剪音为 4ms。这种系统未采取特别的过载对策，因此，系统设计要限制过载概率。本系统输入通路数 $N_i = 120$，传输通路数 $N_t = 60$，当激活率 $P_a = 40\%$ 时，求得满负荷时的过载概率 $P(N_i) = 1\%$。可见，在最坏的情况下，过载概率也是比较低的。具体实现了在 2048kbit/s 通路上传 120 个话路；设备也比较简单。

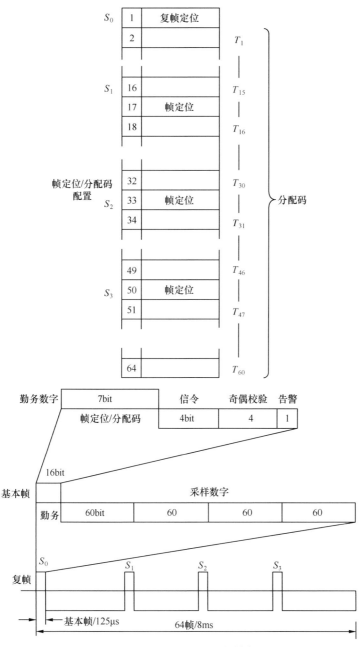

图 4-11　PRIMAT 系统帧结构

2. PWA 系统

这种预测字长分配（PWA）的话音内插系统的帧频取 8kHz。在每帧之中，每条输入通路信号都输出一个采样。因而消除了竞争剪音。

所有激活通路的采样频率都取 8kHz，编码字长在 3～8bit 之间可变。当激活通路较多时，字长就取短些；当激活通路较少时，编码字长就取长些。最终保持总传码速率不超过传输通道总容量。这就消除了过载现象。

由于采取了只传送预测增量的 ADPCM 编码方案，即使在码长只取 3 位（即话路编码取 24kbit/s 的情况下），仍能获得 34dB 的量化信噪比。可见话音质量是令人满意的。

所有非激活通路，每帧仍要传送 1bit，作为位置标志。但是，非激活通路状态要保持 128 帧。即复帧包括 128 个基本帧，复帧周期为 16ms。因此，连接剪音最大值为 16ms，均值为 8ms。

当系统的传输通路总速率取 2048kbit/s，帧频 8kHz，帧长则为 256bit；当输入通路取 128 条，激活率为 40%时，每帧之中，激活通路最低占用码位数为[128×3×40%+1]=154 位时隙；非激活通路占用码位数为[128×1×60%+1]=77 位时隙。即每帧尚余 25bit 时隙，作为帧定位及勤务信号之用。如果每帧取 1 比特作为激活/非激活标志用，在一个复帧之中刚好标志 128 条通路在本复帧中是否处于非激活状态；每帧取 4 位做信令之用也是足够的。其余用于复帧定位、基本帧定位以及各基本帧中话音编码方式和编码位数指示也是足够的。

这种系统与标准 PCM 基群相比，插入增益达到 4.2，而信噪比不劣于 34dB，剪音长度小于 16ms，过载概率可以忽略。这样的性能是比较好的。

3. ADPCM/DSI 系统

这种系统是 ADPCM 编码技术与 DSI 技术相结合的产物。ADPCM/DSI 系统简图见图 4-12。可看出其中不少单元是用于编码变换/恢复操作的。

输入的 8kHz 抽样标准 PCM 信号，先进入非线性/线性变换器，变成 13bit 线性码，然后进入并联的频带移位和抽样变换单元及话音检测器。经频带移位把音频频谱下移 250Hz；经抽样变换把 8kHz 抽样降为 6.0kHz 或 6.4kHz，然后存入缓冲存储器；经话音检测器识别，存在话音突发就分配 DSI 通路，不存在话音突发就不分给传输通路。ADPCM 话音编码器，编码长度在 2～4bit 之间可变，具体字长取决于激活通路总数。为了指示线路分配状况，要在每一帧中把通路分配状况告诉接收端。接收端工作过程与发送端工作过程刚好相反。最终恢复到 8kHz 采样、8 位编码和 A 律压扩的标准 PCM 编码。

这种系统设计的焦点集中在编码技术上，在利用自适应码长来消除过载的同时，尽可能改善编码质量。

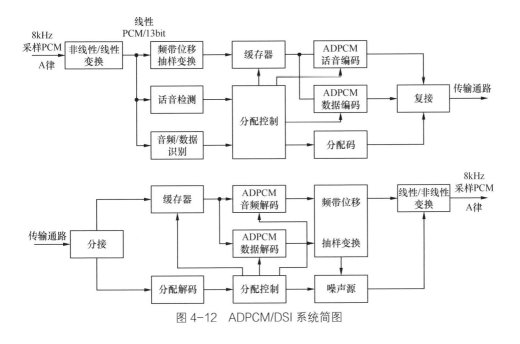

图 4-12　ADPCM/DSI 系统简图

4.6　过载对策之三

前面介绍了减少采样频率和减少编码位数两类过载对策。两种对策的共同机理是通过减小输入码流本身的传码速率，来缓和传输通路的过载程度。除此外还有一些其他缓和过载的对策，现归纳起来简述如下。

1. 排队缓冲对策

当系统出现过载时，就把过载这部分码流暂时存储起来，延时一段时间，待信道空闲时再传送。从统计角度理解，这种对策可以在一定程度上减小过载概率，但是要引入延迟时间。显然最大容许延迟时间越大，系统过载概率就越低。因此，这种对策的技术效果要用延迟时间和相应残存过载概率来表示，或者用不出现过载时的最小延迟时间来表示。这种对策适于数据传输。

2. 动态负载控制对策

当系统出现过载时，就把一部分输入通路封闭掉。实施这种动态控制之后，就可以保证系统不出现过载，但是要阻断部分输入通路。这种对策对于各条输入通路是不平等的，但是对某些特定情况是有实用价值的。这种对策能保证主要输入通路不发生过载，并且尽最大可能为次要输入通路提供服务。

3. 容许部分过载对策

顾名思义，这种对策容许在同时激活的输入通路较多时出现一定程度的过载，以换取较大的插空增益。这时要说明，在同时存在多少条输入激活通路时，过载概率达到多少。这种对策在某些情况下也是有实用价值的。例如，有些电信业务对于过载引起的剪音和冻结并不敏感，即存在一定的剪音和冻结损伤，仍是可以接受的。这时，引入有限数量的过载，可以换取较高的插空增益。

图 4-13 给出了上述 3 种对策的插空增益计算曲线。计算条件是，输入通路话音激活概率为 40%（这相当于 100%输入话路示忙情况，或者相当于 75%的输入话路示忙，同时有 10%的通路传数据）；剪音长度超过 50ms 的概率不超过 2%。共计算了 6 条曲线。

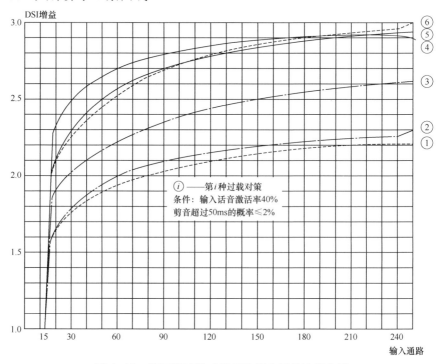

图 4-13 第三类过载对策 DSI 插空增益计算曲线

① 不采取任何过载对策；

② 排队缓冲对策，最大时延 60ms；

③ 动态负载控制对策，最多封闭 17%的输入通路；

④ 排队缓冲对策，最大时延 1s；

⑤ 部分过载对策，在 120～240 条输入通路激活峰值小时内，最大过载 40%～60%；

⑥ 动态负载控制对策，最多封闭 26% 的输入通路。

从图 4-13 中可以看出，输入通路数低于某个门限量时，插空技术不起作用；超过这个门限量时，插空增益迅速加大；继续加大输入通路数量，插空增益增加趋势逐渐平缓。采取上述过载对策，可以使得插空增益在 2~3 之间变化。这种改善是明显的也是有限的。

4.7 典型系统参数

表 4-1 给出了几种典型 DSI 系统的部分技术参数。CCITT 正在对这些数据进行研究，以便在条件成熟时形成国际建议。

表 4-1　　　　　　　　　　　　　DSI 系统典型参数

系统名称	INTELSAT/DSI	卫星商用系统/DSI	CELTIC-2 G/DSI	TASI-E/DSI
年份	1983 年	1981 年	1983 年	1981 年
应用场合	卫星 TDMA 电路	卫星 TDMA 电路	地缆、卫星电路	海缆、地缆、卫星电路
输入通路	240	380	30~240	240（48×5）
传输通路	128	30		120（24×5）
帧周期	2ms	15ms	125μs（G.732）	125μs（G.733）
突发速率	120Mbit/s	48Mbit/s		
分配控制通路	1×64kbit/s		1×64kbit/s	1×5×64kbit/s
话音编码	64kbit/s（G.711）	32kbit/s CVSD	64kbit/s（G.711）	64kbit/s（G.711）
门限判决	固定/自适应		固定（噪声上 3dB）	自适应（瞬时/短时平均）
检测时延	2~10ms	5ms	10μs（SNR>10dB）	1.5~15ms
释放时延	110~200ms		8~100ms	16~128ms
剪音门限	50ms	45ms	50ms	50ms
剪音概率	2%		2%	2%
冻结因子	0.01%		0.5%	
激活概率	40%	40%		40%
数据通路比例				2.5%
过载概率	0		1.5%（240 路）	2.9%~4.2%
有效增益	2	2（100 路）		1.8~2.3
过载对策	出现过载时，取 7 位码	剪音超过 45ms，增加信道容量	冻结因子超过 0.5%，阻断输入通路	剪音概率超过 2%，成组阻断输入呼叫

第5章 局钟系统

局钟系统是数字通信网中的一种基础设施。它是产生、变换、传输、提纯和分配定时信号的设备整体的总称。它的任务是向数字网各个节点提供定时信号。本章将从局钟系统分类、设备工作原理、技术性能指标和具体工程应用 4 个方面来介绍有关局钟系统的基础知识。

5.1 系统分类

局钟系统的任务是向数字网各个网络节点提供定时信号。具体地说，是向各个网络节点中的数字交换机或同步数字复接器这类数字设备提供定时信号。依提供定时信号方式的不同，可以把局钟系统分成两大类，即分立局钟系统和关联局钟系统。分立局钟系统是指在同一个数字网中，在各个网络节点上，分别设置独立的时钟。这些时钟产生的定时信号有统一的标称频率和频率容差。采用这种分立局钟系统的数字网称为准同步网。关联局钟系统是指在同一个数字网中，各个网络节点上设置的局钟彼此不是独立的。这些局钟产生的定时信号有统一的平均频率。采用这种关联局钟系统的数字网称为同步网。

关联局钟系统依其建立这种关联的方法不同，还可以分为主从（关联）局钟系统和相互（关联）局钟系统。主从局钟系统是指各节点局钟之间存在主从关系，即处于主要地位的局钟，通过它的输出定时信号去控制处于从属地位的局钟。或者说，处于从属地位的局钟去锁定处于主要地位的局钟产生的定时信号。处于主要地位的局钟称为主局钟；处于从属地位的局钟称为从局钟。采用主从局钟系统的数字网称为主从控制同步网。相互局钟系统是指各节点局钟之间存在相互且大体平等的关系。各节点局钟彼此共同产生具有同一平均频率的定时信号。采用相互局钟系统的数字网称为相互同步网。

主从关联局钟系依其建立主从关联的具体方法不同，可以分为简单主从（关联）局钟系统、等级主从（关联）局钟系统和外基准（主从关联）局钟系统 3 种。简单主从局钟系统是指一个数字网中只设置一个主局钟，其他所有的从局钟都直接受这个主局钟控制，而处于同一等级的各个从局钟彼此没有关系。等级主从局钟系统，是指在一个数字网中也只设置一个主局钟。在正常情况下，从局钟直接受主局钟控制；当来自主局钟的定时信号劣化到某种程度甚至中断时，从局钟也可以接受处于同一等级的其他从局钟的控制，即间接地受主局钟控制。外基准局钟系统是指同一数字网中的所有局钟都受数字网之外的某个基准局钟控制。

相互关联局钟系依其建立相互关联的具体方法不同，可以分为单端控制相互局钟系统和双端控制相互局钟系统。单端控制相互局钟系统中，每个局钟都受其余所有局钟输出定时信号的平均相位控制。双端控制相互局钟系统中，每个局钟除了受其余所有局钟输出定时信号的平均相位控制之外，还受在其余各局钟内测得的平均相位差值的控制。

图 5-1 给出了局钟系统分类示意图。各类局钟系统都有各自的特点，即存在特有的长处和局限性。因而各类局钟系统通常都适用于特定的场合。例如，分立局钟系统适用于国际间或一个大国的各个地区之间，关联局钟系统适用于

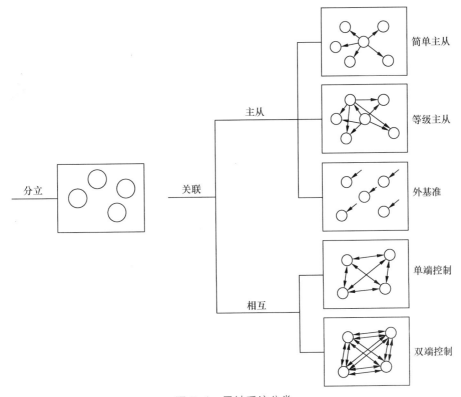

图 5-1　局钟系统分类

国家或本国各大区之内。简单主从关联局钟系统适用于近程小区；等级主从关联局钟系统适用于多层次的大区；外基准主从关联局钟系统适用于某些特殊应用。相互关联局钟系统适用于大区高级阶层节点之间。除了考虑具体应用场合之外，还应考虑到技术发展的需求和可能。例如，就目前认识，分立局钟系统与等级主从关联局钟系统的综合体可能比较适于大国组网应用，即每个从局钟通常直接受主局钟控制；劣化时受同级从局钟控制，即间接受主局钟控制；在所有主控定时信号都劣化时，受自备的高稳定时钟源控制。

5.2 系统构成

1. 分立局钟系统

在分立局钟系统中，各个网络节点设置的局钟都是独立的。对这种局钟的主要技术要求是输出规定频率的定时信号，较高的频率精度和较高的可靠性指标。典型的技术要求是：输出频率为 2048kHz，长期相对频率容差为 $\pm 5 \times 10^{-12}$，平均无故障时间大于 50 年。这样的技术要求就决定了局钟的组成方式。图 5-2 给出了一种典型局钟的方框图。

图 5-2 所示的局钟系统是由 3 套振荡源、3 套频率变换装置、3 套转换开关和一个频率测量单元组成的。振荡源产生具有良好长期稳定性的基准钟；频率变换单元把基准钟变换为规定频率的定时信号；为了满足对局钟系统的可靠性要求，通常需要 3 套独立的振荡源和频率变换单元；为了保证在 3 套独立通路中产生的 3 路定时信号中选出一种合用的定时信号，就需要有一个频率测量单元作为仲裁和相应的转换开关。下面分别介绍各个单元的工作原理。

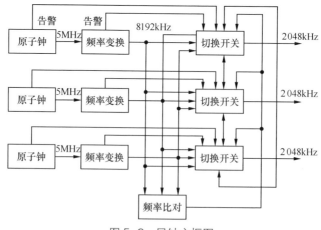

图 5-2　局钟方框图

　　原子振荡源和石英晶体振荡器都可以作为局钟系统的振荡源。原子振荡源有较高的长期稳定性，但是成本较高；石英晶体振荡器的长期稳定性稍许低些，但成本较低。图 5 3 给出了各种振荡源的长期稳定性相对于成木的分布图，从中可以看出，在长期稳定性方面，原子钟较之石英钟要高 3～4 个数量级；在成本方面，石英钟较之原子钟低 1～2 个数量级。铯束控制振荡器的长期稳定度可以达到 $1×10^{-13}$ 量级。如果频率计的分辨率为 $3×10^{-13}$，那么在铯钟工作两年之后也测不出频率变化。但是这种振荡源短期稳定度却不高。然而，在数字网应用中，对于时钟的短期稳定度要求是可以适当放宽的，这将在后面一节具体说明。此外，这种铯钟体积比较大，成本也比较高。与之相比，铷钟体积要小得多，成本要低半个数量级，但长期稳定度也低一个数量级，通常在 $5×10^{-11}$/月量级。石英晶体振荡器在三者之中成本最低，长期稳定度也最差。但是石英钟有一些其他优点。例如，石英钟简单可靠，制造容易调整方便，具有良好的短期稳定性，长期频率变化主要是由老化引起的，其变化规律稳定均匀，因而可以预测和定期重新调整。鉴于上述情况，在局钟系统中，通常用原子钟作为基准振荡源。在频率变换单元中通常用石英振荡器作为受控时钟源。这样就会使得局钟系统最后输出的定时信号兼有良好的长期和短期稳定性。

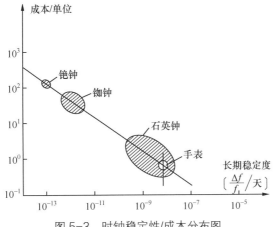

图 5-3　时钟稳定性/成本分布图

　　频率变换单元的作用是把原子钟直接产生的频率转换成转换开关需要的频率。原子钟直接产生的频率与数字网需要的频率没有简单倍数关系。例如，1967 年国际通过的铯标频率为 9 192 631 770Hz，而数字网通常需要的基准频率为 2 048 000Hz。转换开关出于频率切换时相位连续性的要求，通常要求输入频率为 N 倍的 2048kHz，其中 N 是正整数。为此需要专门设置频率变换单元。实际上，原子钟通常做成独立的标准商品出售，它的标称输出频率为 5MHz。局钟系统通常选用标准原子钟作为振荡源。这时需要专门设计从 5MHz 到 $N \times 2048$kHz 的频率变换单元，这属于频率综合范畴，此处从略。

下面介绍频率比较和转换开关单元的工作原理。此处重点介绍以下 3 点，即在切换定时信号时如何保障相位不连续性小于规定数值；在 3 条频率源支路中发生信号有/无情况下，如何选择输出定时信号；在 3 条频率源支路中发生信号优/劣情况下，如何选择输出定时信号。

数字网要求定时信号相位不连续性不得超过 $\frac{1}{8}UI$（UI 是码元时间间隔，此处是定时信号的周期），即在频率切换过程中要保证相位不连续性不得超过 1/8 周期。解决这个问题的直观办法是在输出时钟的 8 倍频上切换，切换之后再 8 分频输出。因为在 8 倍频上切换，相位不连续最多不超过 8 倍频的一个周期，也就是 8 分频之后的 1/8 周期。但是在工程上总是不希望把机内频率抬得过高，而且实际上用一个简单的相位控制电路就能够把倍频次数缩减一半，最后仍能保持同样的技术效果。

图 5-4 给出了一种实用的相位控制电路。其中是以时钟 1 作为基准对时钟 2 进行相位控制。当时钟 2 相对于时钟 1 的相位差小于 1/2 周期时，时钟 2 照常输出；当相对相位差超过 1/2 周期时，就自动地把时钟 2 倒相之后再输出。当各路时钟都是理想方波时，时钟之间的相对相位差不会超过半个周期。如果把倍频后的定时信号先进行上述相位调整，然后再切换分频，那么倍频次数就可降一倍。例如，输出 2048kHz 的定时信号，要求相位阶跃不得超过 $\frac{1}{8}UI$。采用简单倍频法就需要 8 倍频；采用简单调相电路之后只需要 4 倍频，即在 8192kHz 上切换。

下面介绍在 3 条支路中发生信号中断时如何规定开关动作。假定用 X、Y、Z 来代表频率变换单元 1、2、3 有定时信号输出，用 $\overline{X}$、$\overline{Y}$、$\overline{Z}$ 代表各自没有定时信号输出。这时要求转换开关能够识别下列 8 种情况。

① XYZ：全有输出；

② $XY\overline{Z}$：第 3 路无输出；

③ $X\overline{Y}Z$：第 2 路无输出；

④ $\overline{X}YZ$：第 1 路无输出；

⑤ $\overline{X}Y\overline{Z}$：第 1、3 路无输出；

⑥ $X\overline{Y}\overline{Z}$：第 2、3 路无输出；

⑦ $\overline{X}\,\overline{Y}Z$：第 1、2 路无输出；

⑧ $\overline{X}\,\overline{Y}\,\overline{Z}$：全无输出。

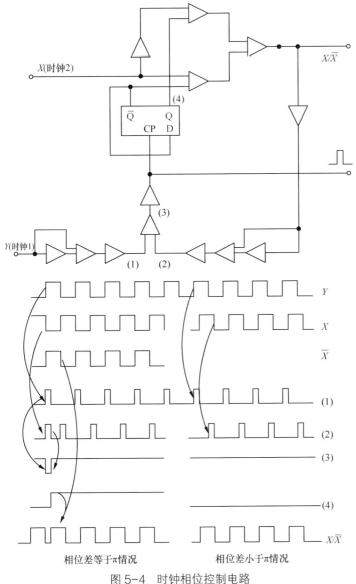

图 5-4 时钟相位控制电路

转换开关选择输出的约定如下：

在①、②、③、⑥情况下选择输出第 1 路信号，即执行下述逻辑控制：

$$XYZ + XY\overline{Z} + X\overline{Y}Z + XY\overline{Z} = \overline{\overline{XYZ} \cdot \overline{XY\overline{Z}} \cdot \overline{X \cdot \overline{Y} \cdot Z} \cdot \overline{XY\overline{Z}}}$$

在④、⑤情况下选择输出第 2 路信号，即执行下述逻辑控制：

$$\overline{X}YZ + \overline{X}Y\overline{Z} = \overline{\overline{\overline{X}YZ} \cdot \overline{\overline{X}Y\overline{Z}}}$$

在⑦情况下，选择输出第 3 路信号，即执行下述逻辑控制：

$$\overline{\overline{X}\,Y\overline{Z}} = \overline{\overline{\overline{X}\,Y\overline{Z}}}$$

在⑧情况下，无定时信号输出，发告警信号。

图 5-5 给出了转换开关逻辑图。当存在支路时钟时，方波经检波器，形成高电位；支路时钟中断时，检波器输出低电位。经逻辑控制之后，每个转换开关同时只有一路定时信号输出，经或门之后进行分频。

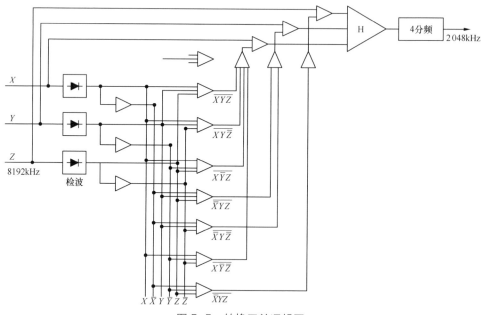

图 5-5　转换开关逻辑图

最后介绍在 3 条支路中出现信号劣化时如何规定开关动作。所谓信号劣化，是指频率偏移过大时的情况。例如一个标称频率容差为 1×10^{-11} 的时钟，频率偏差达到 1×10^{-9} 就算发生劣化，当频率偏差达到 1×10^{-7} 时就到了不可用门限，这时就切换。其实，这样小的频率偏差，如果进行绝对测量是比较复杂的。在局钟系统中通常采用相对比较，以便确定哪路信号是不可用的。刚好一个局钟系统通常设置 3 条时钟支路，这就提供了相对比较的可能性。通常这样规定：在某个规定的门限容差范围内，任何一路时钟都是可用的；在超出这个门限容差范围时，三者之中，两个接近门限的频率是可用的，第三者将被排除。

这种相对比较首先是在两条支路之间进行的，参见图 5-4。当两个路时钟之间的相对相位差达到 1/2 周期时，鉴相器就输出一个脉冲。这种脉冲的频率就表示这两路时钟之间相对频差的大小。例如，时钟标称频率为 8192kHz，当

两者相对频差大到 1.3×10^{-7} 时，则两者的绝对频差就达 1.04Hz。这时鉴相器在一秒钟内就送出两个脉冲。在 3 路时钟之内，两两之间都可进行这种比较，即都可以测出这种比相脉冲频率，然后进行简单的逻辑比较，就可以确定需要排除的一路时钟。图 5-6 给出了这种频率比对的逻辑图。

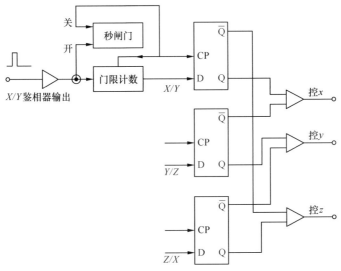

图 5-6　频率比对逻辑图

图 5-6 的左上部分是第一路与第二路之间的相对频差测量电路。上方是秒信号形成电路。秒信号的开始时刻由比相器输出脉冲决定，秒信号的结束时刻由公用多谐振荡器和计数器容量决定。下方是比相脉冲计数器。秒信号开始，比相脉冲计数器就计 1，在一秒之内如果没有第二个脉冲出现，该比相计数器就没有输出；在一秒之内如果有第二个脉冲出现，该比相计数器就有输出。其余两个相对频差测量电路全是一样的，图 5-6 没有画出来。图 5-6 的右下部分是劣化时钟判决电路。如果 3 个相对频差测量电路都没有输出，则 3 个状态触发器的 Q 端都处于低电位，则 3 个与非门都输出高电位，则 3 路时钟都通行无阻；如果有一条支路时钟频差超出规定门限（例如 10^{-7} 量级），则必然有两个相对频差测量电路输出高电位，受各自脉冲后沿的控制，相应的状态触发器将输出高电位，则 3 个与非门将有一个输出低电位，相应的支路时钟被禁止。对于转换开关而言，这路时钟相当于发生了中断。

2. 简单主从局钟系统

图 5-7 给出了简单主从局钟系统的构成图，它是由主局钟、时钟传输系统和从局钟 3 个部分组成的。主局钟的作用是向全网提供基准定时信号。这种主

局钟的组成与分立局钟系统中的局钟是一样的。不同点仅在于这种主局钟所用的振荡源不一定要求特别稳定。从原理上来说，既然全网都跟踪这个主局钟，那么即使主局钟的稳定度低些，终归能达到全网同频的目的。但是目前国际发展趋势是，主局钟系统也采用高稳定振荡源，因为这样做会给网络带来其他方面的好处。在简单主从局钟系统中，只要求把定时信号从主局钟传给各个从局钟，并未要求传送其他信息。因此，通过节点间的传输系统就能够传送这种时钟信号。而且，主局钟所在节点与从局钟所在节点之间的传输系统，通常都是高速高质量的干线，在性能上也符合时钟信号传输要求。图 5-8 给出了从局钟构成简图。

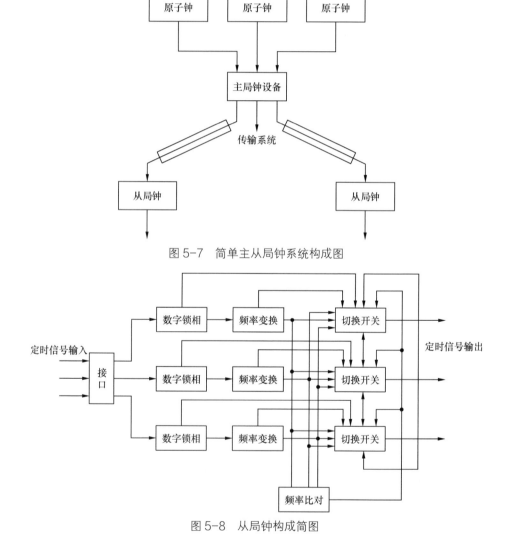

图 5-7　简单主从局钟系统构成图

图 5-8　从局钟构成简图

　　从图 5-8 中可以看出，从局钟与主局钟的主体部分是相同的。不同点仅在于，主局钟有自己的振荡源，而从局钟没有振荡源，借助于时钟提纯单元接收由土局钟送来的定时信号。这种时钟提纯单元的主体是一个混合二阶锁相环。因为模拟二阶锁相环通带难以做窄，在输入时钟信号中断时保持原有输出频率也比较困难，所以通常采用带有数字滤波器的模拟锁相环，这样通带容易做窄，输入中断时保持原来频率已比较容易。图 5-9 给出了这种混合锁相环的方块图。它是由数字鉴相器、数字滤波器和模拟压控振荡器组成的。这种混合锁相环再配上必要的控制和接口电路，就构成了时钟提纯单元。

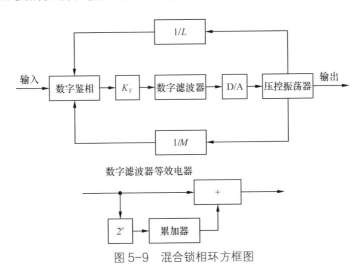

图 5-9　混合锁相环方框图

3. 等级主从局钟系统

　　等级主从局钟系统与简单主从局钟系统类似，也是由主局钟、时钟传输系统和从局钟组成的。不同点在于各个从局钟不但可能受主局钟控制，也可能受不同级别的其他从局钟控制。在整个数字网中，根据各个局钟所处的地位排列等级，在正常情况下，由最高级的一个局钟作为主局钟，其余局钟全是从局钟。当主局钟发生故障时，就按等级自动选择新的最高级局钟作为新的主局钟。当来自主局钟的定时信号严重劣化或中断时，从局钟就接受其他级别最高的从局钟控制。因此，等级主从局钟系统中的从局与简单主从局钟系统中的略有不同。图 5-10 给出了等级主从局钟系统的从局钟方框图。

　　从图 5-10 中可以看出，这种局钟的特殊点仅在于多了一个定时选择器；此外，级别较高的还备有原子钟，以便主局发生故障时取而代之。定时选择器能识别和选择输入定时信号。它的识别功能限于定时信号有无或是否低于劣化门限；选择切换顺序是预先规定了的，最终只选择一路定时信号作为时钟源。其余频率提纯、变换、对比和切换各单元都是类似的。

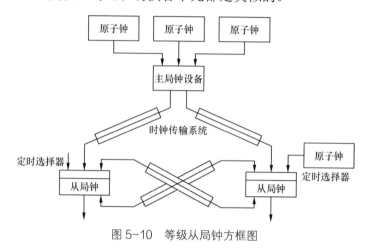

图 5-10　等级从局钟方框图

4. 单端控制相互关联局钟系统

图 5-11 给出了一种比较简单的单端控制相互关联局钟系统简图。从图中

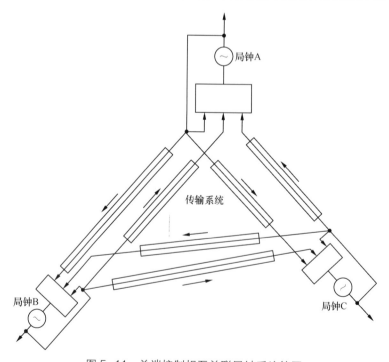

图 5-11　单端控制相互关联局钟系统简图

可以看出，在这种系统中，各个局钟之间并无主从之分，彼此相互控制形成统一的振荡频率；各个局钟不但处于同等地位，而且具体结构也是相同的。各个局钟的主体设备都是一个多输入控制端的一阶锁相环。图 5-12 所示为这种多输入控制端锁相环的方框图。

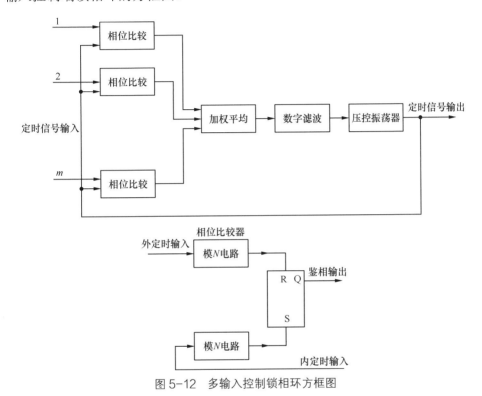

图 5-12　多输入控制锁相环方框图

　　一个 m 输入控制端的锁相环，是由 m 个相位比较器、加权平均电路、滤波器和压控振荡器组成的。相位比较器通常与支路信码缓冲存储器装在一起。具体地说，就是利用信码缓冲存储器的写入模电路和读出模电路，再配上简单的与非电路组成的。滤波通常用数字滤波器。数字滤波器输出经数模变换去控制模拟压控振荡器。这种环路的稳定性和过渡特性主要取决于数字滤波器的形式和参数。已经证明，对于时间离散控制的单端控制系统来说，采用一阶递归型数字滤波器时，能够消除系统内部的相位扰动影响，在一定程度上也能抑制系统内部频率扰动的影响。但是这种系统只存在选择适当的滤波器参数时才是稳定的。

　　对于具有 n 个局钟构成的单端控制相互关联时钟系统来说，在同一锁相环中对于各个输入控制信号加权相等时，系统的共同频率 (f_s) 及其随机偏差 (σ_{f_s}) 分别为

$$f_s = \sum_{j=1}^{n} f_{oj} / a_j + k + m \left/ \sum_{j=1}^{n} \frac{1}{a_j} + \frac{D}{m} \right.$$

$$\sigma_{f_s} / f_s = \frac{1}{m} \sqrt{\sum_{i,j}^{m,n} \sigma_{d_{ij}}^2} \left/ \sum_{j=1}^{n} \frac{1}{a_j} + \frac{D}{m} \right.$$

式中，n 是系统局钟数；

m 是每个局钟的输入控制信号数；

f_{oj} 是第 j 个局钟的中心频率；

a_j/m 是第 j 局的共同加权数；

$K = \sum_{i,j}^{m,n} k_{i,j}, k_{ij} = \left[Q_{ij} + \frac{1}{2} \right]$ （［ ］是高斯符号）；

$Q_{ij} \cdot 2\pi$ 是来自第 i 局的时钟与本局（第 j 局）时钟之相位差；

$D = \sum_{i,j}^{m,n} d_{ij}$，$d_{ij}$ 是从 i 局到 j 局的传输时延。

$\sigma_{d_{ij}}$ 是从 i 局到 j 局的传输时延的随机变量，即传输抖动和漂移。

从式中可以看出，单端控制相互关联时钟系统的共同频率取决于各局钟的中心频率、环路加权系统、局钟中心频率之间的相位差、传输时延、局钟数量及每个局钟的输入控制信号数量等多种因素。共同频率的稳定性，除上述因素之外，还取决于控制信号传输系统的抖动和漂移。从式中还可以看出，局钟数越多，可提供的控制输入信号越多，则各个局钟对公共频率的相对影响就越小；传输漂移或抖动对公共频率稳定性的影响就越小。

比较而言，当时钟系统规模较大时，这种局钟系统具有比较好的系统可靠性，即系统中个别时钟发生故障时，系统仍能提供统一的时钟信号。其次，这种局钟系统可以降低对单个局钟的精度要求，从而降低整个局钟系统的成本。再次，这种系统容易接入或撤出单个局钟，因而应用方便。这种局钟系统的主要缺点是每个局部环节性能发生变换都可能引起整个系统的共同频率发生浮动。例如，每个局钟受到扰动或者传输系统的漂移和抖动恶化，都将使得系统频率产生扰动。针对传输漂移和抖动的影响，曾经提出过双端控制的相互关联局钟系统，但是这将使得系统复杂化。

5.3 技术性能

1. 时钟精确性

CCITT 规定用时间间隔误差（Time Interval Error，TIE）表达时钟的精确性。时间间隔误差（TIE）的定义是以给定的定时信号相对于理想定时信号的相对延时变化（$\Delta\tau$）为基础的。在 S 秒之内的时间间隔误差是指：在此期间（S）的结束时刻（$t+S$）量得的延时变化 $\Lambda\tau$（$t+S$）与在此期间的起始时刻（t）量得的延时变化 $\Delta\tau$（t）之差。参见图 5-13。

$$\text{TIE}(t) \stackrel{\Delta}{=\!=\!=} \Delta\tau(t+S) - \Delta\tau(t)$$

时间间隔误差与相对频率不准确度的关系为

$$\text{TIE}(t) = \int_t^{t+S} \frac{\Delta f(t)}{f} \cdot \mathrm{d}t$$

当时间间隔足够长时，即

$$\lim_{S\to\infty} \frac{\Delta f(t)}{f} = \frac{\Delta f}{f}$$

这时，

$$\text{TIE} = \frac{\Delta f}{f} \cdot S + \Delta\tau$$

式中，$\dfrac{\Delta f}{f}$ 是长期频率不准确度，$\Delta\tau$ 是相位漂移。通常就用长期频率不准确度 $\left(\dfrac{\Delta f}{f}\right)$ 和相位漂移（$\Delta\tau$）这两个量来表示时间间隔误差（TIE）。参见图 5-14。

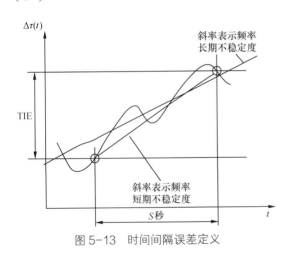

图 5-13　时间间隔误差定义

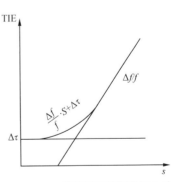

图 5-14　时间间隔误差表示方法

从图中可以看出，当时间间隔较小时，时间间隔误差主要取决于相位漂移；当时间间隔较大时，时间间隔误差主要取决于频率不准确度；当时间间隔适中时，频率不准确度和相对漂移都会影响时间间隔误差的大小。可见，时间间隔误差这个量把相对频率偏移和相位漂移这两个量对定时系统的影响统一起来了。

关于主局钟输出定时信号的时间间隔误差，CCITT 推荐指标如下：

$$\begin{cases} 1\times10^{-7}S+\dfrac{1}{8}UI & S<5\text{s} \\ 5\times10^{-9}S+5\times10^{-7}(\text{s}) & 5\text{s}\leqslant S\leqslant500\text{s} \\ 1\times10^{-11}S+3\times10^{-6}(\text{s}) & S>500\text{s} \end{cases}$$

式中，S 的单位为 s；UI 是定时信号单元间隔，即周期。曲线见图 5-15。

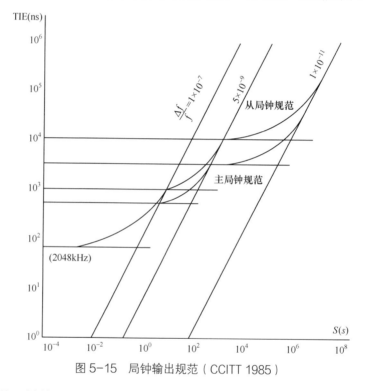

图 5-15　局钟输出规范（CCITT 1985）

关于从局钟输出定时信号的时间间隔误差，CCITT 推荐如下：

$$\begin{cases} 1\times10^{-7}S+\dfrac{1}{8}UI & S<10\text{s} \\ 5\times10^{-9}S+1\times10^{-6}\text{s} & 10\text{s}\leqslant S\leqslant1800\text{s} \\ 1\times10^{-11}S+1\times10^{-5}\text{s} & S>1800\text{s} \end{cases}$$

在上述指标中，短时相对频偏取在 1×10^{-7} 量级，长时相对频偏取在 1×10^{-11}

量级，这是由原子钟工艺决定的。在短期规范曲线中含 $\frac{1}{8}UI$ 的漂移量，是考虑到在局钟系统内部实施备份切换时，可能产生的最大的相位不连续性；在主局钟的长期规范曲线中，含有 3μs 的漂移项，是考虑到局钟系统器件老化及其他因素可能引起的相位漂移；在从局钟的长期规范曲线中，含有高达 10μs 的漂移量，是考虑到主局钟内部、定时信号传输系统以及从局钟内部可能引入的总漂移量。

2. 局钟可用性

局钟的精度降低，将使得传输滑动损伤加剧。CCITT 用时钟降低程度及其出现时间间隔占总时间间隔的比例来表示局钟的可用性指标。主局钟及从局钟可用性推荐指标分别见表 5-1 及表 5-2。

表 5-1　　　　　　　　　　　主局钟可用性指标

性　能　级	频率相对偏差	持续相对时间
（a）	$10^{-11} < \left|\frac{\Delta f}{f}\right| \le 2 \times 10^{-9}$	$\le 1 \times 10^{-5}$
（b）	$2 \times 10^{-9} < \left|\frac{\Delta f}{f}\right| \le 1 \times 10^{-7}$	$\le 1 \times 10^{-6}$
（c）	$1 \times 10^{-7} < \left|\frac{\Delta f}{f}\right|$	$\le 1 \times 10^{-7}$

表 5-2　　　　　　　　　　　从局钟可用性指标

性能级	频率相对偏差		相对持续时间	
	本地局	中继局	本地局	中继局
（a）	$1 \times 10^{-11} < \left|\frac{\Delta f}{f}\right| \le 1 \times 10^{-8}$	$1 \times 10^{-11} < \left|\frac{\Delta f}{f}\right| \le 2 \times 10^{-9}$	≤1%	≤0.05%
（b）	$1 \times 10^{-8} < \left|\frac{\Delta f}{f}\right| \le 1 \times 10^{-6}$	$2 \times 10^{-9} < \left|\frac{\Delta f}{f}\right| \le 5 \times 10^{-7}$	≤0.1%	≤0.005%
（c）	$1 \times 10^{-6} < \left|\frac{\Delta f}{f}\right|$	$5 \times 10^{-7} < \left|\frac{\Delta f}{f}\right|$	≤0.01%	≤0.0005%

3. 局钟可靠性

局钟故障将导致全网运行崩溃，因此对局钟系统的可靠性提出了严格要求。截至 1983 年 5 月，CCITT 的调查数据归纳于表 5-3。

表 5-3 局钟 MTBF（年）调查数据

类 别	抽 测 数 量	MTBF 平均值（年）
铯钟	1230	4.48
铷钟	221	10.47
石英钟	2803	115.05

5.4 典型应用

国际数字电话网通常采用分立局钟系统。这样做的主要原因并不是出自技术或经济的原因，而是出于政治考虑。各国为维护其国家尊严，都设置了自己国家的主局钟。这样国际数字网自然就存在了分立局钟系统。对于国内数字网来说，通常用关联局钟系统。对于绝大多数中小国家来说，在全国范围内建立统一的关联局钟系统，在技术上并不存在多大困难，在经济上也是可以接受的。但是，对于大国来说，在全国建立统一的关联局钟系统存在技术和经济上的困难。在大国内远距离传输定时信号，在技术上难以限制漂移积累。漂移过大只能转化为滑动，而滑动速率大到一定程度也就失去了建立关联局钟系统的意义；此外，在国内建立关联局钟系统在经济上也是难以接受的。所以，在国内通常分成若干大区。在一个大区之内建立关联局钟系统，在大区之间设立分立局钟系统。这样，就全网来说，技术性能损失不大，在经济上却得到了明显改善。

图 5-16 给出了一种等级主从关联——分立局钟系统。从图中可以看出，这种混合局钟系统的主体是等级主从关联局钟系统；但是另外还配备有分立的原子振荡源。对于一个从局钟来说，当所有的输入定时信号都严重劣化或者中断时，自备的原子振荡源就接入工作，这时就变成了分立局钟系统中的一个独立局钟。在系统设备正常工作时，这种混合系统能提供统一的关联时钟信号，这时全网处于同步工作状态；在严重故障情况下，这种混合系统自动转为分立局钟系统，这时全网转入准同步工作状态。这种局钟系统适于全国应用。

图 5-17 给出了另一种典型局钟系统，这就是简单主从—相互关联混合局钟系统。从图中可以看出，这种混合系统的主体是相互关联局钟系统。不同点仅仅在于，其中有一个局钟不受其他局钟控制，而这个局钟却参与控制其他局钟。在稳定情况下，整个局钟系统的频率将等于这个特殊局钟的频率。在这种

局钟系统中，任何一个普通局钟发生故障都不会影响系统共同频率。特殊局钟发生故障时，其他普通局钟就形成了一个普通的相互关联局钟系统，自动形成一个新的共同频率。

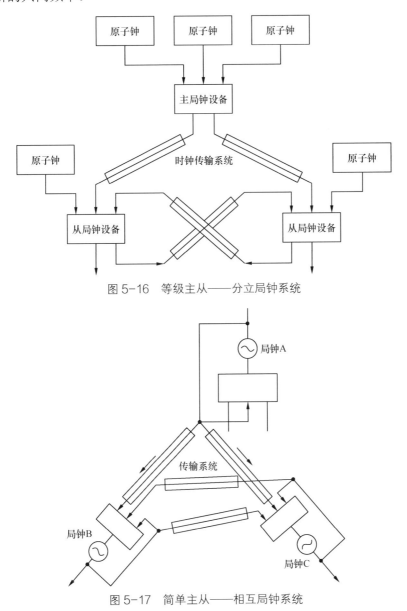

图 5-16　等级主从——分立局钟系统

图 5-17　简单主从——相互局钟系统

第6章 帧 调 整

6.1 帧调整功能

在综合数字网中，长途汇接数字交换能够正确实施数字交换的前提是，所有的来自四面八方的群码流必须与本局帧结构保持帧同步。即不但要求时钟同步而且还要求输入帧定位信号与本局帧定位信号保持确定的相位关系。在整个综合数字网中，在所有汇接交换局的输入端上，如何建立并保持这种帧同步关系，就是众所周知的网同步问题。帧调整器和时钟系统一起就构成了网同步系统设备。

图 6-1 给出了说明帧调整器主要作用的功能简图。从中可以看出，帧调整器的主要作用有两点：用本局时钟替换输入群码流的时种，起到消除抖动和统一时钟的作用；以本局帧定位信号为基准，调整输入群码流的时延，使得输入群码流的帧定位信号与本局基准帧定位信号保持确定的相位关系。

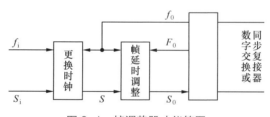

图 6-1　帧调整器功能简图

如果输入钟频（f_i）等于本局钟频（f_0）并且仅仅存在抖动，那么，通过更替时钟就可以完全消除抖动。这时一种无抖动损伤的信码进入延时调整单元，只要对它进行适当的延时调整就可以进行溶解性同步复接或时分交换了。显然，这种延时调整的最大可能范围是接近一个整帧周期。如果输入时钟与本局同源，除存在抖动之外还存在漂移，那么，更换时钟之后，信码的抖动仍然可以消除，但是漂移损伤却不能消除。这时带有漂移损伤的信码进入延时调整单元就可能出现滑动。

如果输入钟频（f_i）与本局钟频（f_0）不相等，那么这种时钟更替就不那

么简单了。因为读写频差（$|f_0-f_i|$）随着时间积累，形成单向线性增大的相位漂移，而且它的大小是没有限量的。这时时钟更换必须进行适当的调整控制，而更换时钟之后的信码带有单调随时间线性增大的相位漂移。对这种信码实施时延调整，就必然出现周期性滑动。但是经过滑动之后，信码不再存在漂移损伤。即漂移损伤转化为滑动损伤，随后信码得到了最后提纯。不论输入信码与本局时钟是否同频，不论输入信码是否带有抖动和漂移损伤，最后进行交换或同步复接的信码必须与本局同频，而且不带抖动和漂移。这就是帧调整器所起的主要作用。

6.2　帧调整原理

暂且假定帧调整器是一个简单的容量刚好等于一帧的缓冲存储器，图 6-2 给出了这种帧缓冲存储器的方框图。

令本局时钟的时间间隔误差为 $\mathrm{TIE}_0=\dfrac{\Delta f_0}{f_0}t+\tau_0$，输入时钟的时间间隔误差

为 $\mathrm{TIE}=\dfrac{\Delta f}{f}t+\tau+\Delta\tau$。其中，$\dfrac{\Delta f}{f}$ 是相对频

差，t 是积累时间，τ 是传输时延，$\Delta\tau$ 是漂移损伤。输入时钟相对于本局时钟的相对时间间隔误差（即缓冲存储器的读写时差）为

$$\mathrm{RTIE}=\left(\frac{\Delta f}{f}t+\tau+\Delta\tau\right)-\left(\frac{\Delta f_0}{f_0}t+\tau_0\right)$$

$$=\left(\frac{\Delta f}{f}-\frac{\Delta f_0}{f_0}\right)t+(\tau-\tau_0)+\Delta\tau$$

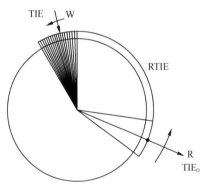

图 6-2　帧缓冲存储器简图

众所周知，一个缓冲存储器能够正确工作的前提条件是先写入而后读出，即要求保持一定的读写时差。这样，码流通过缓冲存储器既不会出现漏读也不会出现重读，即不会出现滑动。相对时间间隔误差反映在缓冲存储器中就是读写时差。因此，码流通过缓冲存储器不出现滑动损伤的条件是

$$0<\mathrm{RTIE}<T_s$$

其中 T_s 是帧周期。下面分别讨论各种输入码流在通过图 6-2 所示的帧缓冲存储器时可能出现的情况。

（1）当输入钟频等于本局钟频并且不存在漂移时，即 $\dfrac{\Delta f}{f}=\dfrac{\Delta f_0}{f_0}$，$\Delta\tau=0$，则

$$\text{RTIE} = \tau - \tau_0$$

这时帧调整器是否出现滑动只取决于相对时延的大小。通常适当调整本局定时信号的时延 τ_0，就可做到 $\text{RTIE} \approx \dfrac{T_s}{2}$。显然，这符合不滑动条件。所以，只要初始相对时延调整适当，用简单帧缓冲存储器就可以完成帧调整功能。

（2）当输入钟频等于本局钟频但存在漂移时，即 $\dfrac{\Delta f}{f} = \dfrac{\Delta f_0}{f_0}$，$\Delta \tau \neq 0$，则

$$\text{RTIE} = (\tau - \tau_0) + \Delta \tau$$

这时帧调整器是否出现滑动取决于相对时延和输入漂移两种因素。当调整相对时延等于 $\dfrac{T_s}{2}$ 时，漂移幅度超过 $\dfrac{T_s}{2}$ 就要出现滑动，否则不会出现。可见，在这种情况下，用简单帧缓冲存储器作为帧调整器就不一定适用，这主要取决于漂移的大小。图 6-3 给出了在这种同频系统中可能出现滑动的情况。

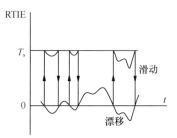

图 6-3　同频系统中的滑动情况

（3）当输入钟频不等于本局钟频，但不存在漂移时，即 $\dfrac{\Delta f}{f} \neq \dfrac{\Delta f_0}{f_0}$，$\Delta \tau = 0$，则

$$\text{RTIE} = \left(\dfrac{\Delta f}{f} - \dfrac{\Delta f_0}{f_0} \right) t + (\tau - \tau_0)$$

当输入钟频和本局钟频确定不变时，缓冲存储器的读写时差单调线性增大（或减小）。不论起始相对时延多大，最终总是要周期性出现 RTIE ＞ 0（或 RTIE ＜ 0）的情况，即出现周期性的滑动。

例如，基群输入码流帧周期为 125μs，假定延时差 $\tau - \tau_0 = 0$；输入钟和本局钟相对频偏大小相等（ 1×10^{-11} ）但方向相反，则两次滑动之间隔为

$$t = \text{RTIE} \Big/ \left(\dfrac{\Delta f}{f} - \dfrac{\Delta f_0}{f_0} \right)$$

$$= 125\mu s / 2 \times 10^{-11} \approx 72 日$$

（4）当输入钟频不等于本局钟频且存在漂移时，即 $\dfrac{\Delta f}{f} \neq \dfrac{\Delta f_0}{f_0}$，$\Delta \tau \neq 0$，则

$$\text{RTIE} = \left(\dfrac{\Delta f}{f} - \dfrac{\Delta f_0}{f_0} \right) t + (\tau - \tau_0) + \Delta \tau$$

同样假定输入钟频和本局钟频都确定不变时，参见图 6-4，通过这种简单帧缓冲存储器的信码将出现周期性的频繁滑动。可见，这时用简单缓冲存储器作为帧调整器是不行的。因为，通信网中不容许出现如此频繁的滑动损伤。

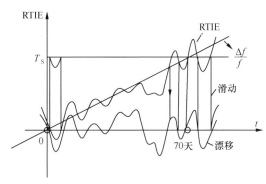

图 6-4　异频系统中的滑动情况

　　为了克服简单帧缓冲存储器中出现的频繁滑动现象，研究人员提出了一种滑动控制滞后技术（Slip Control Hysteresis）。为了说清滑动控制滞后技术原理，先来分析简单帧缓冲存储器中出现频繁滑动的原因。从图 6-3 和图 6-4 中可以看出，只有在相对时间间隔误差（RTIE），即读写时差等于零或者等于帧周期（T_s）时，才出现一次滑动。在发生了一次滑动之后，如果相对时间间隔误差仍然向原来的方向变化，就不会紧跟着出现另一次滑动。然而，漂移不总是单调的，事实上，输入钟频和本地钟频也不总是确定不变的。这样就使得相对时间间隔误差不会是单调变化的。如果相对时间间隔误差在等于帧周期（或等于零）时发生了一次滑动，而随后不久相对时间间隔误差就改变了变化方向，于是很快就出现了第二次等于帧周期（或等于零）的情况，即发生了第二次滑动。这样反复改变变化方向就形成了频繁的滑动。针对这样的滑动机理提出滑动控制滞后技术。它的思路是这样的：首先给帧缓冲存储器设置两个存储容量可变的边界线，参见图 6-5。当时钟相对时间间隔误差（RTIE）与存储器容量边界 $RTIE' = T_s$ 发生交叉因而出现一次滑动时，随即改变这条边界线，使之 $RTIE' = T_s + x$，即把帧缓冲存储器的容量在 T_s 方向上加大 Xf_0 位。这样，即使在发生这次滑动之后，时钟相对时间间隔误差随即改变了变化方向，也不会紧跟着出现另一次滑动，而是必须再积累到新的存储器边界才可能出现另一次滑动。与此类似，当时钟相对时间间隔误差（RTIE）与存储器容量边界 $RTIE' = 0$ 相交，因而出现一次滑动时，随即改变这条边界线，使之 $RTIE' = -x$，即把帧缓冲存储器的容量在 0 方向上加大 Xf_0 位。这样，在发生这次滑动之后，即使时钟相对读写时差随即改变变化方向，也同样不会紧跟着出现第二次滑动。只要所取的

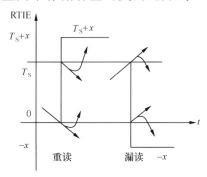

图 6-5　滑动控制滞后原理图

x 值大于漂移（$\Delta\tau$）的最大幅度值，就能克服漂移引起的滑动突发现象。

6.3 实现方案

从上节帧调整原理讨论中可知，帧缓冲存储器加上滑动控制滞后技术就可能实现帧调整功能。实际上可以采用各种具体的实现方案来实现上述帧调整原理。已经实现的方案有以下 3 种：其一是定时选择控制方案，这种方案适于低速码流调整应用；其二是存储器切换控制方案，这种方案适用于高速码流调整应用；其三是前置缓冲控制方案，这种方案适于中等速率码流调整应用。下面详细介绍第 3 种实现方案。图 6-6 给出了这种方案的原理图。

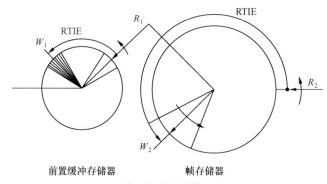

前置缓冲存储器　　　　　　帧存储器

图 6-6　前置缓冲帧调整工作原理图

从图 6-6 中可以看出，这种前置缓冲控制帧调整器方案是由两个缓冲存储器组成的。前边较小的是前置缓冲存储器；后边大的是帧存储器。前置缓冲存储器的容量为 $f_0 X$ 位，即可以容纳 X 秒的时钟相对时间间隔误差；帧调整器的容量为 $f_0 T_{sc}$ 位，即刚好容纳一个整帧周期的时钟相对时间间隔误差。输入码流首先由输入时钟写入前置缓冲存储器，然后再由本局时钟读出并同时写入帧存储器。两个存储器的写入和读出时钟分别为 W_1、R_1、W_2 和 R_2。其中前置缓冲器的读出时钟（R_1）与帧存储器的写入时钟（W_2）是联动的；帧存储器的读出时钟（R_2）是整个交换机共用的。

当前置缓冲存储器的相对时间间隔误差（RTIE）小到一定程度时，本局读出时钟（R_1）就停止一个拍节；大到一定程度时，就增加一个拍节。通过这样的调整控制，在更换时钟（即用 R_1 取代 W_1）的同时，可以消除输入抖动并跟踪输入漂移。由于 R_1 与 W_2 联动，就可以正确地把信码从缓冲存储器读出并写入帧调整器。因为前置缓冲存储器的容量为 $f_0 X$ 位，如果在进行一次调整之后，输入时钟改变了漂移方向，那么必须在相对时间间隔误差积累到 X 秒时才能发生另一次相反的调整。在帧存储器中，读出时钟是均匀不变的，它是全局的基准。每逢写入时钟（W_2）发生一次停拍，帧存储器的相对时间间隔误差（RTIE）就减少一个单位间隔（UI）；写入时钟（W_2）每发生一次加拍，帧存储器相对时间间隔误差增大一个单位间隔。当帧存储器的时间间隔误差增大至 T_s 或减到 0 时，就发生一次重读一帧现象（即正滑帧），或发生一次漏读一帧现象（即负滑帧）。显然，帧存储器发生滑帧的时刻也正是前置缓冲存储器进行一次调整的时刻。在发生一次滑帧之后，如果时钟相对时间间隔误差变化方向不变，那么时钟时间间隔误差必须积累到一个整帧周期，即 T_s 秒才能发生下次滑帧；如果时钟时间间隔误差随之改变变化方向，那么时钟时间间隔误差必须积累到 X 秒，前置缓冲存储器才能进行另一次调整，这时帧调整器才可能发生另一次滑帧。这样，前置缓冲存储器与帧缓冲器联合工作就实现了帧调整功能。图 6-7 给出了前置缓冲控制帧调整器方框图。

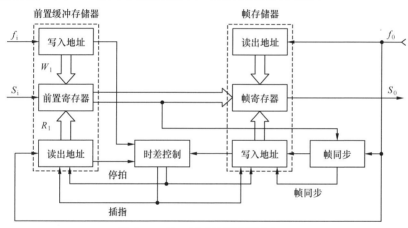

图 6-7 前置缓冲帧调整器方框图

从图 6-7 中可以看出，这种前置缓冲控制帧调整器是由前置缓冲存储器、前置读写时差控制单元、帧存储器和帧同步单元 4 个部分组成的。

1. 前置缓冲存储器

这是一种容量等于 f_iX 的普通缓冲存储器。由输入时钟作为写入时钟（W_1），由本地时钟作为读出时钟（R_1）。本地时钟的各个拍节是否都起读出作用要受插拍/空拍控制信号控制。如果 W_1 与 R_1 频率相等，则缓冲存储器的读写时差（RTIE）保持不变，R_1 都能顺序读出，从而实现比特同步；如果 W_1 的频率低于 R_1 的频率，随着时间的推移，RTIE 要逐渐减小，当降到某个规定下限 $\mathrm{RTIE_{min}}$ 时，R_1 受停拍控制信号的控制，停顿一个节拍，这样 RTIE 就增加了一个比特间隔（UI）。如此重复也会保持比特同步。

如果 W_1 的频率高于 R_1 的频率，随着时间的推移，RTIE 要逐渐增大，当增大到某个规定上限 $\mathrm{RTIE_{max}}$ 时，R_1 受插拍控制信号控制，插入一个拍节，这样 RTIE 就减少一个比特间隔（UI）。如此重复也会保持比特同步。上述工作过程参见图 6-8。可以看出，前置缓冲存储器完成了替换时钟、吸收抖动、跟踪漂移和实现控制滞后 4 项功能，而信码内容没有任何改变。通过更换时钟，消除了信码抖动损伤；通过插拍/空拍控制，把带有漂移损伤的码流变成了不均匀码流，这是用阶跃变化的漂移来跟踪连续变化的漂移。在从 W_1 频率大于 R_1 频率的工作状态变到 W_1 频率小于 R_1 频率的工作状态中，前置缓冲存储器起到了控制滞后作用。

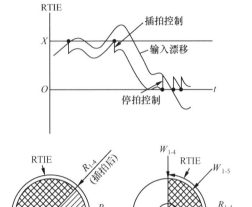

2. 时差控制单元

时差控制单元受缓冲存储器的

图 6-8　前置缓冲器读写时差变化过程

写入地址脉冲及读出地址脉冲控制。二者鉴相输出量就代表前置缓冲存储器的读写时差 RTIE 的数量。当 $\mathrm{RTIE} \leqslant \mathrm{RTIE_{min}}$ 时，时差控制单元发出停拍控制信号；当 $\mathrm{RTIE} \geqslant \mathrm{RTIE_{max}}$ 时，它发出插拍控制信号。其中 $\mathrm{RTIE_{max}} - \mathrm{RTIE_{min}} = X$ 称为调整控制滞后余量。图 6-9 给出了时差控制单元工作时间关系图。插拍及停拍位置的选择涉及控制电路的繁简程度。停拍控制比较简单，而插拍控制则比较麻烦。如果把插拍位置选在帧定位信号位置，就可以简化插拍控制电路。因而在实施插拍控制时，通常要紧接着把 3 位信码从前置缓冲存储器中读出，并写入帧存储器。如果把插拍控制选在帧定位信号位置，则没必要把这些内容逐位写入帧存储器，自然也没必要逐位从缓冲器中读出。例如，在把第一比特信码写入帧存储器的第一位置后，随后就把第三比特信码写入第三位置。因为第二比特是帧定位信号，是否写入帧存储器是无关紧要的。这样做时钟读写时差同样提前了一个单位时间间隔时间（UI），即与插入一个比特是等效的，但控制电路却简化了。

3. 帧同步单元

帧同步单元的任务是从缓冲存储器输出的信码中提取帧定位信号，并且用它去同步帧存储器的写入地址，从而保证把一帧确定时隙中的信码写入帧存储器的规定地址之中。这种帧同步单元的工作原理与数字复接器中的帧同步单元完全一样，此处不再赘述。

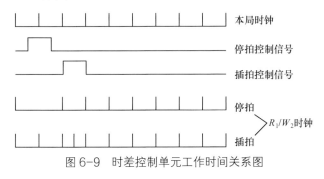

图 6-9　时差控制单元工作时间关系图

4. 帧存储器

帧存储器的容量恰好等于一整帧。其读出时钟（R_2）就是本地基准时钟。但是帧存储器的读出地址脉冲受本局统一的帧定位信号控制，从而保证本局所有的输入帧调整器都同时读出帧存储器中的指定位置中的信码，即对各条输入群码流最后完成了时延调整。帧存储器的写入时钟（W_2）也是同一个本局时钟，但是其写入地址脉冲受输入码流的帧定位信号控制，同时受停拍/插拍控制脉冲的控制。受帧定位信号控制的结果，使得一帧中规定时隙的码元写入帧存储器规定的地址中；受停拍/插拍信号控制的结果，使得 R_1 与 W_2 完全同步起来，这样就可以保证从缓冲存储器中读出的信码都能写入帧存储器之中。因此，W_2 就以单位（UI）阶跃式的相位变化来跟踪输入时钟 W_1 的连续相位漂移。参见图 6-10。

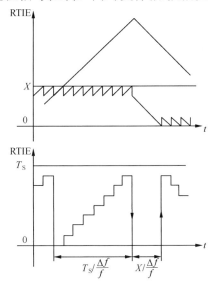

图 6-10　帧存储器工作时间关系图

如果 W_2 既不停拍也不插拍，帧存储器的读写时差 RTIE 就保持不变；如果 W_2 停顿一个拍节，RTIE 就减小一个 UI；如果 W_2 插入一个拍节，RTIE 就增加一个 UI。当帧存储器的读写时差介于 0 与 T_s 之间，即 $0 <$ RTIE $< T_s$ 时，信码会不受损伤地通过帧存储器。当 RTIE < 0 时，R_2 就超越 W_2 出现重读（插入）一帧信码的现象，即发生了一次正滑帧；当 RTIE $> T_s$ 时，W_2 就超越 R_2，出现丢失一帧信码的现象，即发生了一次负滑帧。不管出现过正的或负的滑帧，帧调整器最终输出的信码与本局基准帧定位信号完全保持同步并最终消除了抖动和漂移。

6.4 帧调整器实例

1. 帧结构及控制位置选择

帧结构符合 CCITT 建议 G.732，标称速率 2048kbit/s 频率容差为 $\pm 1 \times 10^{-11}$，每帧含 32 个路时隙，每个路时隙含 8 个位时隙，帧长为 256 个位时隙，帧频为 8 kHz。帧定位信号在奇数帧第 0 位时隙以后的 7 个位时隙中，码型为 0011011。奇数帧设置一个可能的停拍位时隙和一个可能的插拍位置。停拍位置在第 2 位时隙；插拍位置在第一、第二位时隙之间。

2. R_1/W_2 控制

系统对缓冲存储器读出地址脉冲（R_1）的控制与对帧调整器写入地址脉冲（W_2）的控制是一样的，而且同时进行，故一起介绍。参见图 6-11。

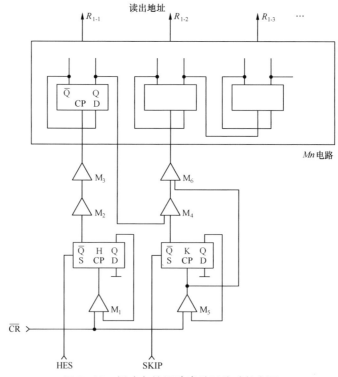

图 6-11 缓冲存储器读出地址脉冲控制图

图 6-11 的上半部分是读出地址脉冲产生器,它是一种典型的模 N 电路,其中 $N \geqslant [fX]$,$f = 2048\text{kHz}$,$X = 18\mu\text{s}$,则 $N \geqslant 37$,图 6-11 只画出了前 3 级电路。图 6-11 的左下方是地址脉冲控制电路。它的主体是两个状态触发器,即停拍控制触发器(H)和插拍控制触发器(K)。它受本局时钟(CR)停拍控制脉冲(HES)及插拍脉冲(SKIP)控制。通常不出现 HES 及 SKIP 信号,该控制电路不起作用,模 N 电路正常工作。当出现插拍控制脉冲时,插拍控制触发器翻转,控制电路起作用,把模 N 电路的第一级置 0,第二级置 1。这就使得对应奇数帧的第一位时隙的模脉冲不再是 R_{1-1}(或 W_{2-1}),而是直接产生了第二位模脉冲 R_{1-2}(或 W_{2-2})。这样做就把前置缓冲器的读出时刻(也是帧存储器的写入时刻)提前了一个单位时间间隔(UI),即完成了插拍控制。当出现停拍控制脉冲时,停拍控制触发器翻转,控制电路起作用,把模 N 电路的第二级置 0,第一级置 1。这就使得第一级模脉冲加宽,占据对应奇数帧的第一和第二两个时隙的区间。这样做就把整个模脉冲序列推迟了一步。即把前置缓冲器的读出时刻(也是帧缓冲器的写入时刻)推迟了一个单位时间间隔(UI),即完成了停拍控制。

3. 读写时差检测

图 6-12 给出了读写时差检测电路。它是由读写时差鉴相器和停拍/插拍控制脉冲形成电路组成的。读写时差测量是持续工作的,只要 W_{1-8} 模脉冲的前沿与 R_{1-5} 模脉冲的后沿相重叠,触发器 G 就转入高电位输出,即申请插拍控制;只要 W_{1-3} 模脉冲的后沿与 R_{1-5} 模脉冲的前沿相重叠,触发器 T 就转入高电位输出,即由请停拍控制;当 W_{1-3} 或 W_{1-8} 都不与 R_{1-5} 重叠时,两个触发器都输出低电位,即不做任何申请。W_{1-8} 的前沿与 R_{1-5} 的后沿重合,表示前置缓冲器的读写时差已经达($n_s - 1$ UI),若不插拍就可能发生漏读;W_{1-3} 的后沿与 R_{1-5} 的前沿重叠,表示读写时差已经降到 1UI,若不停拍就可能发生重读。

前面已经提到,插拍控制时刻取在奇数帧第一位时隙的开头时刻,停拍控制时刻取在奇数帧第二位时隙的开头时刻。因此,就可以利用奇数帧第 0 路时隙脉冲(M_0)、帧存储器写入地址的第一相脉冲(W_{2-1})和第二相脉冲(W_{2-2})来完成这种判决控制过程。参见图 6-12 和图 6-13,读写时差检测/判决电路与帧存储器写入地址脉冲产生器相互作用,在完成了对于帧存储器写入地址控制的同时,产生了停拍控制(HES)和插拍控制(SKIP)窄脉冲。这就是前节用于控制前置缓冲存储器读出地址控制的停拍及插拍控制信号。

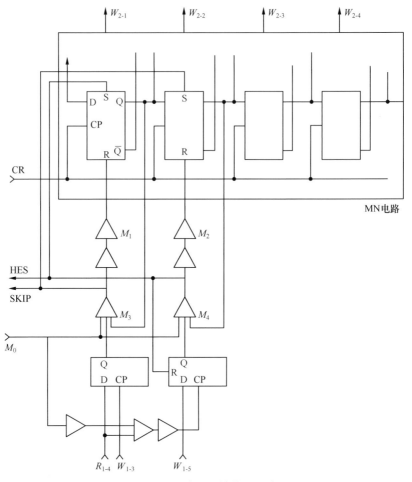

图 6-12 读写时差检测电路

4. 帧同步

帧同步单元的作用是从接收码流中提取帧定位信号并产生奇数帧第 0 路时隙脉冲（M_0）。同时用这种帧定位信号的基准产生帧存储器的写入地址脉冲序列。帧调整器用的帧同步单元电路与分接器用的帧同步单元电路是通用的。

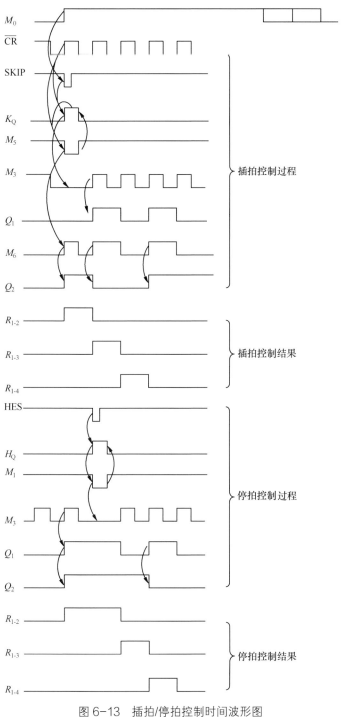

图 6-13 插拍/停拍控制时间波形图

6.5 控制滞后设计

控制滞后量（X）的大小直接决定了前置缓冲存储器容量（n）的下限，即要求 $n \geqslant f_0 X$，其中 f_0 是被调整的输入群码流速率。控制滞后量的下限取决于被调整的输入群码流可能出现的最大漂移量（$\Delta \tau_{\max}$），即要求满足条件：

$$X \geqslant \Delta \tau_{\max}$$

下面分别针对两种典型时钟系统情况来计算这种最大可能的漂移量（$\Delta \tau_{\max}$），即控制滞后量的下限（$X_{\min}$）。

1. 主从时钟系统情况

由主从时钟系统和帧调整器构成的主从同步系统见图 6-14。

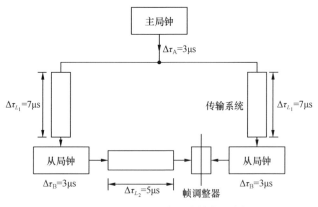

图 6-14　主从同步系统结构示例

其中按 CCITT 建议 G.811 规定，主局钟系统给定时信号引入的漂移最大值为 $\Delta \tau_A = 3\mu s$；从局钟系统引入的漂移最大值 $\Delta \tau_\beta = 10\mu s$。从局钟系统是由传输系统和从局钟本体组成的，从局钟本体与主局钟本体结构类似，因而可以认为从局钟本体引入的最大漂移 $\Delta \tau_\beta = 3\mu s$，其余为主从局间传输系统引入的漂移（$\Delta \tau_{L_1} = 7\mu s$）。假定从局钟之间的传输系统距离 2500km，采用 TDM 体制传定时信号。

其中 2200km 用 2.6/9.5mm 同轴电缆；200km 用 1.2/4.4mm 同轴电缆；100km 用对称电缆。其中，引入最大漂移计算如下：

$$\Delta \tau_{L_2} = \left[k_1(f_1)\Delta T_1 + g_1 \Delta T_2 / d_1\right]l_1 + \left[k_2(f_2)\Delta T_1 + g_2 \Delta T_2 / d_2\right]l_2 + w_3 l_3$$

其中，$k_1(f_1) = 0.010$ns/km·℃，$f_1 = 70$MHz，$\Delta T_1 = 15$℃（埋地），$g_1 = g_2 = 3 \times 10^{-3} UI/$℃，$\Delta T_2 = 20$℃，$d_1 = 4.5$km，$k_2 = 0.044$ns/km·℃，$f_2 = 17$MHz，$d_2 = 4$km，$w_3 = $

40ns/km，$l_1 = 220$km，$l_2 = 200$km，$l_3 = 100$km，求得：

$$\Delta \tau_{L_2} = 5\mu s$$

假定：上述各项漂移量中，一半是由年度环境温度变化引起的，另一半是与路由无关的随机漂移。这时引入帧调整器的最大相对漂移为：

$$\Delta \tau_{\max} = \left\{ \left[\frac{\Delta \tau_{L_1}}{2} + \left(\pm \frac{\Delta \tau_{L_1}}{2} \right) + (\Delta \tau_B) + \frac{\Delta \tau_{L_2}}{2} + \left(\pm \frac{\Delta \tau_{L_2}}{2} \right) \right] \right.$$
$$\left. - \left[\frac{\Delta \tau_1}{2} + \left(\pm \frac{\Delta \tau_1}{2} \right) + \pm (\Delta \tau_B) \right] \right\}\Big|_{\max}$$
$$= \Delta \tau_{L_1} + \Delta \tau_{L_2} + 2\Delta \tau_B$$
$$= 18\mu s$$

从而求得主从同步系统中要求的控制滞后最小量

$$X_{\min} = 18\mu s$$

2. 独立时钟系统情况

由独立时钟系统和帧调整器构成的准同步系统见图 6-15。

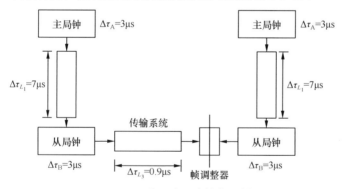

图 6-15　准同步系统结构示例

从局钟之间为 2500km 的数字通路。它是由 2200km 的 2.6/9.6mm 同轴电缆和 300km 的 1.2/4.4mm 同轴电缆组成的。其中引入的最大漂移计算如下：

$$\Delta \tau_{L_3} = [k_1(f_1) \Delta T_1 + g_1 \Delta T_2 / d_1] l_1 + [k_2(f_2) \Delta T_1 + g_2 \Delta T_2 / d_2] l_3$$

其中，$l_3 = 300$km，其余参数都与主从时钟系统情况一样。由此求得 $\Delta \tau_{L_3} = 0.9\mu s$。同样假定：上述漂移中有一半是由年度温度变化引起的。此外，在准同步网中还要考虑到由于局钟频差（$\pm 1 \times 10^{-11}$）引入的周期为 70 天的滑动的影响，因而必须把系统漂移项由年度变化量折合到在 70 天中的变化量。假定年度系统

漂移变化服从正弦规律，那么在 70 天中最大可能的系统漂移折合系数为

$$k = \mathrm{d}\left(\frac{\Delta\tau(t)}{\Delta\tau_{\max}}\right)\bigg/\mathrm{d}t\,\bigg|_{\max} \cdot \Delta t$$

$$= \frac{1}{2}\cdot\frac{2\pi}{360}\cdot 70$$

$$\approx 0.6$$

从而求得准同步网中最大相对漂移：

$$\Delta\tau_{\max} = \left\|\left[(\pm\Delta\tau_{\mathrm{A}}) + \frac{k}{2}\Delta\tau_{L_1} + \left(\pm\frac{\Delta\tau_{L_1}}{2}\right) + (\pm\Delta\tau_{\mathrm{B}}) + \frac{k}{2}\Delta\tau_{L_3} + \left(\pm\frac{\Delta\tau_{L_3}}{2}\right)\right]\right.$$

$$\left. - \left[(\pm\Delta\tau_{\mathrm{A}}) + \frac{k}{2}\Delta\tau_{L_1} + \left(\pm\frac{\Delta\tau_{L_1}}{2}\right) + (\pm\Delta\tau_{\mathrm{B}})\right]\right\|\max$$

$$= \frac{1+k}{2}(\Delta\tau_{L_1} + \Delta\tau_{L_3}) + 2(\Delta\tau_{\mathrm{A}} + \Delta\tau_{\mathrm{B}})$$

$$\approx 18\mu s$$

从而求得准同步系统中要求的控制滞后最小量：

$$X_{\min} \approx 18\mu s$$

通过上述两种典型系统的计算得出，帧调整器入口的最大可能相对漂移接近 18μs。基于这种计算，CCITT 在建议 G.811 中推荐：帧调整器输入端至少要能适应 18μs 的漂移；帧调整器的滑动控制滞后量不得小于 18μs。

6.6 典型应用

1. 帧调整器与数字交换机联用

帧调整器与数字交换机联用时，帧调整器与时钟系统构成网同步系统。来自各方的群码流分别经各自的帧调整器的频率和相位调整，形成与本局帧结构保持确定时间关系的群码流。而这正是能够实现数字交换的先决条件。所以帧调整器是数字交换机群输入口上的必要设备。图 6-16 给出了帧调整器与数字交换机联用时的连接图。

2. 帧调整器与数字复接器联用

帧调整器与群同步数字复接器联用，形成了"溶解性同步复接器"。所谓溶解性复接是指，在完成这种群同步复接之后所形成的高次群帧与路复接所形

成的高次群帧是完全一样的。换句话说，各个参与复接的群帧一旦复接在新的高次群帧之后，它们原来的群帧结构就溶解消逝了。这样做的优点是明显的，高次群帧从格式到内容完全统一，不管是从路复接而成或是从群复接而成，帧完全是通用的。因为参与复接的各个群码流一旦实现溶解复接就没必要再保留各自的帧定位信号，所以提高了复接效率。这种溶解复接事实上与数字交换机中的接续复接是完全一样的，因而可以把数字复接用的帧结构与数字交换机用的帧结构完全统一起来。具体地说，就是共用 CCITT 建议 G.746 所规定的帧结构。图 6-17 给出了帧调整器与数字复接器的连接图。

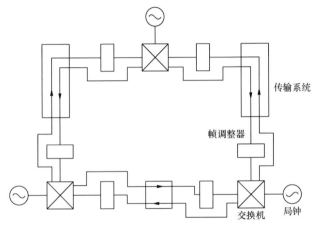

图 6-16　帧调整器与数字交换机连接图

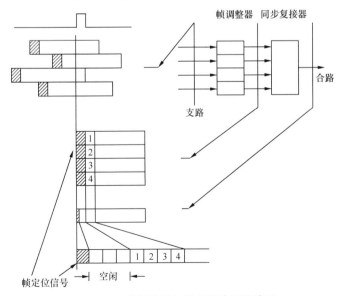

图 6-17　帧调整器与数字复接器连接图

第7章 速率适配

7.1 速率适配问题

国际电话电报咨询委员会（CCITT）已经明确，综合业务数字网（ISDN）应当在电话综合数字网（IDN）基础上发展。电话 IDN 根据电话业务的需要规定了标准电话信道的速率容量。这就是众所周知的基础（B）通道速率，即 64kbit/s。以 B 通道速率为基础，根据数字传输、数字复接、信源编码以及网络开发等方面的经济与技术因素综合考虑，建立了电话 IDN 的标准数字速率体系。这就是图 2-21 给出的 CCITT 推荐数字速率系列。

对于电话业务来说，信码标称速率与相应的信道标称速率容量是一致的。因此电话信码无须做任何调整就可以在相应的信道中传输。对于某些非电话业务而言，信码标称速率与相关的信道标称速率容量不一致，这时就要对信码速率做适当调整，通常是加上一个额外的速率差值，使之与相关信道的标称速率容量相等，以便在其中传输。这种速率调整操作称为速率适配。速率适配的目的就是使得各种特定速率的信码能够在标准速率容量的信道中传输。

在数字电话网中（参见图 2-21），存在两种速率系列。其中单个话路速率都取 64kbit/s，群速则各不相同。而且，两个系列的话路信号结构和话路通道结构都是不同的。一种话路信号编码采用 A 律压扩，另一种话路信号编码采用 μ 律压扩；（在考虑信令传输通路时）一种话路通道采用 8bit 字时隙结构，另一种话路通道采用 7bit 字时隙结构。因此，两个速率系列中的话路信码与话路通道不能交叉使用。两个速率系列中的群信号与群通道也不能交叉使用。解决它们之间的互通问题是"话音编码变换"一章的内容。在数字电话网中，电话数字信号传输不存在速率适配问题。

各种非电话业务网络在与电话网并行发展的时期，已经形成了各自的传输速率标准。现在要把所有各种业务的数字/数据信号通通纳入电话 IDN 中统一传输交换，就引出了速率适配问题。例如，在数据网中，利用模拟话路传输数据时，传输速率规定为 75×2^n bit/s。通常采用 600bit/s、1200bit/s、2400bit/s、4800bit/s 和 9600bit/s 等；利用数字信道传数据信号时，标准速率取 48kbit/s；

在计算机网中，利用数字信道传数据时，标准速率取 56kbit/s；在广播节目网中，利用数字信道传广播话音数字信号，标准速率取 384kbit/s。此外，在种类繁多的非电话业务中，已经存在并且不断出现大量的非标准速率。例如，数字电视编码速率为 32 063.989kbit/s、可视电话编码速率为 8012.8kbit/s、太罗斯 N 气象云图编码速率为 1330.8kbit/s 等。这些参差不一的数字/数据速率，如何统一纳入 CCITT 推荐的标准速率通道中传输，这就是速率适配技术所要解决的课题。

从上述例子中可以看出，需要适配的速率种类繁多，数值相差悬殊。从每秒几十比特到每秒几兆比特的数字速率都存在速率适配问题。适配速率不同在选择适配技术时的侧重点也不相同。低速速率适配主要考虑简化设备问题；高速速率适配主要考虑适配效率问题。

从上述例子中还可以看出，适配码流的时钟与传输系统的时钟可能是同出一源，也可能出于不同钟源。因而二者可能是同步的、准同步的或者是异步的。因时钟同步状况不同，要采用不同的速率适配技术。信号时钟与信道时钟同出一源时的速率适配称为同步速率适配；两种时钟虽然不是同源，但是两者标称值都受确定容差域限制，这种速率适配称为准同步适配；没有任何限制的异源时钟之间的速率适配称为异步适配。

最后要说明速率适配与数字复接之间的关系。码流速率适配是把一个速率较低的码流，经过速率调整，在一条速率容量较高的信道中传输。待到目的地之后，再恢复成原来速率的码流。数字复接是把多个低速码流，经适当处理，在一条速率容量较高的信道中传输。待到目的地之后，再恢复成原来的多个低速码流。可见，两者的操作机理相同，只是输入码流数量不等。可以把数字复接器看成是多路速率适配器；也可以把速率适配器当成是单路数字复接器。因而可以把数字复接技术应用到速率适配中来。

7.2　同步速率适配

1. 同步速率适配原理

图 7-1 给出了同步速率适配方框图。其中 S_i 和 f_i 是适配前的信码与时钟。S_o 和 f_o 是适配后的信码与钟频。$\hat{S}_i$ 和 $\hat{f}_i$ 是恢复后的信码与钟频。适配后的钟频（f_o）高于适配前的钟频（f_i），因此在适配后的信码 S_o 中不但包含全部适配前的信码 S_i，而且还包含若干多余时隙。为了能在到达目的地之后正确恢复成原来的码流，必须正确地识别出全部多余时隙。为此，必须在适配后的 S_o 码

流中设置帧结构，并在部分或全部多余时隙中安置帧定位信号。关于帧结构与帧定位信号预先应做出确切规定。

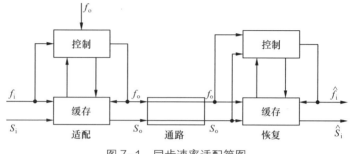

图 7-1　同步速率适配简图

同步速率适配单元是由缓冲存储器和控制电路组成的。缓冲存储器的容量等于最大读写时差变化量与两端保护余量之和。缓冲存储器读写时差一般表达式为

$$\Delta t_x = g_x T_o - (T_i - T_o)x$$

式中，x 是在一帧中读出码元的顺序号，g_x 是在本帧内读出第 x 码元时刻之前，插入非信息位的总数，T_i 与 T_o 分别为输入及输出码元的宽度。从式中可以看出，最大读写时差取决于帧结构设计。例如，在读出第一个码元之前就插入全部非信息比特，即输出码流连续停读 $g_x = g_M$ 个拍节，则最大读写时差变化量为：

$$\Delta t_{\max} = g_M T_o$$

式中每帧中总停拍数 g_M 为下式决定的正整数：

$$g_M - \left(\frac{T_i}{T_o} - 1\right)(M - g_M) = 0$$

$$g_M = \left(1 - \frac{f_i}{f_o}\right)M$$

其中 M 是帧长。通常各种保护余量都取 1 位，则缓冲存储容量值 N 为

$$N = g_M + 2$$

同步速率调整单元控制部分的作用是产生帧结构，即确定帧长，安排帧定位信号及空拍信号的位置及内容，并能自动调整缓冲存储器的初始读写时差。

同步速率恢复单元的组成与同步适配单元类似，主体也是一个类似的缓冲存储器。同步速率恢复单元控制部分的作用是：从适配码流中识别出帧定位信号，并以帧定位信号为基准取出全部信号；根据适配时钟频率导出适配之前的输入时钟，然后均匀读出信码，即恢复成原来的码流。

从上述介绍中可以看出，同步速率适配技术是相当简单的。但是由于在数字网中要广泛使用，因此必须做出统一规定。为此，CCITT 在建议 I.460、I.461（X.30）、I.462（X.32）、I.463（V.110）中做了相当详细的规定。

2. CCITT 关于同步速率适配的建议

（1）8kbit/s、16kbit/s 和 32kbit/s 码流适配到 64kbit/s 通路

64kbit/s 通路比特组编号为 1～8，首先传送 1bit 时隙。8kbit/s 码流适配到 64kbit/s 通路时，占用比特时隙 1；16kbit/s 码流适配到 64kbit/s 通路时，占用比特时隙 1 和 2；32kbit/s 码流适配到 64kbit/s 通路时，占用比特时隙 1、2、3 和 4。上述适配规定的相应图解见图 7-2。实施速率适配前后，参与速率适配的码流的码元次序不变。64kbit/s 通路中，所有未被占用的时隙都填充二进制符号 1。

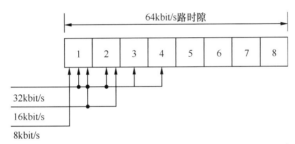

图 7-2　8kbit/s、16kbit/s 和 32kbit/s 适配到 64kbit/s 的时隙占用规定

（2）高于 32kbit/s 的码流适配到 64kbit/s 通路

高于 32kbit/s 的需要适配到 64kbit/s 通路的码流，目前主要是指数据网中的标准速率 48kbit/s 码流和计算机网中的标准速率 56kbit/s 码流。

48kbit/s 码流适配到 64kbit/s 通路，可以采用两种速率适配方式（参见图 7-3），即（6+2）适配方式和（8+2）适配方式。（6+2）速率适配方式是指，在 64kbit/s 通路的每个路时隙（即 8bit 时隙）之中填入 6 位数据和 2 位控制比特，刚好实现速率适配。这种适配方法的好处是，能保持 64kbit/s 码流的 8bit 字结构，因而适配帧结构与标准基群帧结构相同。（8+2）速率适配方式的好处是，能保持 48kbit/s 码流的 8bit 字结构，但是 64kbit/s 通路 8bit 路时隙结构不再起作用。这时在相继 4 个 64kbit/s 通路字时隙中，除了安排 3 个 48kbit/s 8bit 字节之外，尚余 8bit 空闲时隙。这些时隙可用来传控制比特，其中包括两个填充（P）比特、3 个状态（S）比特和 3 个调整（A）比特。刚好平均每个 64kbit/s 路时隙传送两个控制比特，因此称为（8+2）速率适配方案。

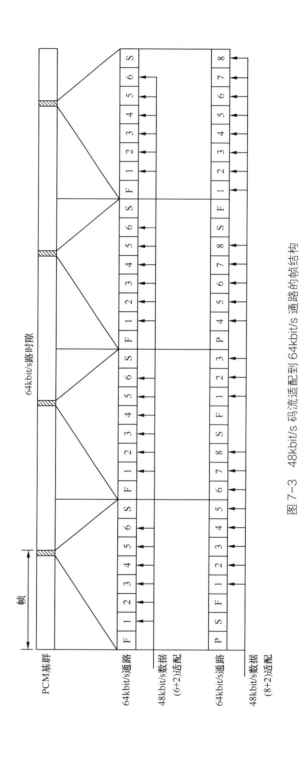

图 7-3 48kbit/s 码流适配到 64kbit/s 通路的帧结构

同理，56kbit/s 码流适配到 64kbit/s 通路，也可以采用两种同步速率适配方式，即（7+1）适配方式和（8+1）适配方式。前者能保持 64kbit/s 路时隙结构，后者能保持 56kbit/s 码流字结构。后者在相邻 8 个 64kbit/s 路时隙中，传送 7 个 56kbit/s 8bit 字节和 8bit 控制码，即平均每个 64kbit/s 路隙传送一个控制比特。

（3）低于 32kbit/s 的码流适配方法

低于 32kbit/s 的码流的速率适配采取两步适配方法。第一步适配到 8kbit/s、16kbit/s 或 32kbit/s；第二步再按上述方法，把 8kbit/s、16kbit/s 和 32kbit/s 适配到 64kbit/s。第一步适配规定如下：4.8kbit/s 适配到 8kbit/s；9.6kbit/s 适配到 16kbit/s；19.2kbit/s 适配到 32kbit/s。关于第一步速率适配的规定，在建议 I.461、I.462 及 I.463 中有详细说明。

7.3　准同步速率适配

1.　准同步速率适配问题

各类数字通信网中，较高速率的码流通常都具有较高精度的时钟。因此，较高速率的码流向高速通路实现速率适配时，都可以采用准同步速率适配。因此，可以把具有较高速率精度的码流与通路间的适配归结为准同步速率适配问题。尽管这种技术适于任何速率数值间的适配，但是考虑到工程现实，或者出于经济考虑，通常只适用于较高速率下的速率适配。

前面已经提到，速率适配相当于单路数字复接。因此，可以利用数字复接技术来实现速率适配。不过在同步适配情况下，同步速率适配方法更为简单。至于准同步速率适配，在未找更为简单的方法之前，把准同步复接技术用于准同步适配也是可行的。本节所介绍的准同步速率适配就是采用准同步复接技术。具体地说，采用正码速调整技术来实现准同步速率适配。

2.　准同步速率适配原理

在数字复接一章中已经介绍了正码速调整准同步复接原理。本节作为特例（即复接支路数 $n=1$）用正码速调整方法来解决准同步速率适配问题。

图 7-4 和图 7-5 所示为准同步速率适配简图及相应的帧结构图。图中符号说明如下：

f_i，Δf_i ——参与速率适配的码流标称速率及其容差；

f_o，Δf_o ——通路标称速率及其容差；

M——帧长；

Q——每帧中信码位数；

K——每帧中非信码位数。

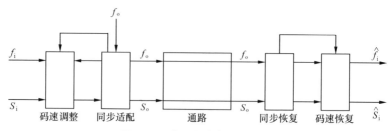

图 7-4　准同步速率适配简图

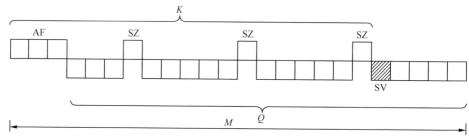

图 7-5　准同步速率适配帧结构

正码速调整准同步速率适配的基本关系式归纳如下：

给定条件：

$\Delta f_i/f_i$，f_i

$\Delta f_o/f_o$，f_o

设计要求：

最小非信码位数 $K_{min}=4$，即在每帧中最低取一个位时隙传帧定位信号；取 3 个位时隙传码速调整指示信号；

最大塞入抖动峰峰值 $A_{jpp}\leqslant20\%UI$（其中 UI 为通路时隙宽度 T_o）

基本计算公式：

帧长（M）取值范围：

$$M_{max}=0.02\left/\left(\left|\frac{\Delta f_i}{f_i}\right|+\left|\frac{\Delta f_o}{f_o}\right|\right)\right.$$

$$M_{min}=4\left/\left(1-\frac{f_i}{f_o}\right)\right.$$

$$M_{max}>M>M_{min} \tag{1}$$

每帧中非信息码位数（K）及标称码速调整比率（S）的计算：

$$\left(1-\frac{f_i}{f_o}\right)M = K + S \tag{2}$$

式中，左端计算值的整数部分即为 K 值，尾数部分即为 S 值：

$$K = \left[\left(1-\frac{f_i}{f_o}\right)M\right] \tag{3}$$

$$S = \left(1-\frac{f_i}{f_o}\right)M - \left[\left(1-\frac{f_i}{f_o}\right)M\right] \tag{4}$$

式中，[　]表示取整数位。

码速调整比率容差域（ΔS）的计算：

$$\Delta S = \left(\left|\frac{\Delta f_o}{f_o}\right| + \left|\frac{\Delta f_o}{f_i}\right|\right)Q \tag{5}$$

$$Q = M - K$$

塞入抖动峰峰值的计算：

$$A_{jpp} = \frac{1}{p} \cdot UI \tag{6}$$

$$S = \frac{q}{p}, \quad (q,\ p)=1 \tag{7}$$

按上述公式计算的塞入抖动包络曲线见图 7-6。根据 S±ΔS 计算值，从图中即可查得最大可能的塞入抖动峰峰值。

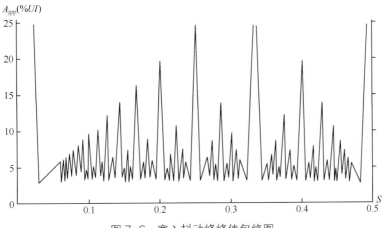

图 7-6　塞入抖动峰峰值包络图

设计程序归纳如下：先按已知条件求出帧长（M）的取值域；在取值域内任取一个 M 值，根据公式（2）、（3）、（4）算得非信码位数（K）及标称调整比率（S）；根据公式（5）求得调整比率变化范围（ΔS）；根据 $S\pm\Delta S$ 数值范围，在 $A_{jpp}=F(S)$ 图中查得最大抖动峰峰值。如果 $K\geqslant 4$，并且 $A_{jpp}\leqslant 20\%UI$，则方案可取；否则要重新选 M 值，再重新计算。上述设计程序的逻辑流图见图 7-7。

3. 准同步速率适配举例

［**例 1**］32 063.99kbit/s 数字电视码流适配到标准三次群 34 368kbit/s 通路中：

$$f_i=32\ 063.99\text{kbit/s}$$
$$\Delta f_i/f_i=\pm 20\times 10^{-6}$$
$$f_o=34\ 368\text{kbit/s}$$
$$\Delta f_o/f_o=30\times 10^{-6}$$
$$\begin{cases}0.0\ 670\ 394\ M=K+S\\ \Delta S=50\times 10^{-6}(M-K)\end{cases}$$

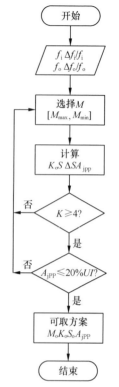

图 7-7　速率适配设计程序流图

	经 济 方 案	高 效 方 案
M	64	400
K	4	26
S	0.290 522	0.815 760
ΔS	0.003 000	0.018 700
A_{jpp}	4.3%UI	20.0%UI

［**例 2**］ 1330.8kbit/s 数字云图码流适配到 2112kbit/s 通路中：

$$f_i=1330.8\text{kbit/s}$$
$$\Delta f_i/f_i=\pm 1\times 10^{-4}$$
$$f_o=2112\text{kbit/s}$$
$$\Delta f_o/f_o=\pm 1\times 10^{-4}$$
$$\begin{cases}0.369\ 886M=K+S\\ \Delta S=2\times 10^{-4}(M-K)\end{cases}$$

	经 济 方 案	兼 容 方 案
M	12	16
K	4	5
S	0.438 636	0.918 182
ΔS	0.001 600	0.002 200
A_{jpp}	6.2%UI	3.4%UI

[例3]　6144kbit/s 数字可视电话码流适配到二次群 8448kbit/s 通路中：

$$f_i = 6144\text{kbit/s}$$

$$\Delta f_i/f_i = \pm 30 \times 10^{-6}$$

$$f_o = 8448\text{kbit/s}$$

$$\Delta f_o/f_o = \pm 30 \times 10^{-6}$$

$$\begin{cases} 0.272\ 727M = K + S \\ \Delta S = 60 \times 10^{-6}(M - K) \end{cases}$$

	经 济 方 案	高 效 方 案
M	16	512
K	4	139
S	0.363 636	0.363 636
ΔS	0.007 200	0.022 380
A_{jpp}	9.1%UI	12.5%UI

[例4]　8012.8kbit/s 数字可视电话码流适配到二次群 8448kbit/s 通路中：

$$f_i = 8012.8\text{kbit/s}$$

$$\Delta f_i/f_i = \pm 30 \times 10^{-6}$$

	经 济 方 案	高 效 方 案
M	84	416
K	4	21
S	0.327 260	0.430 240
ΔS	0.004 800	0.002 370
A_{jpp}	<3.0%UI	14.3%UI

$$f_o = 8448\text{kbit/s}$$

$$\Delta f_o/f_o = \pm 30 \times 10^{-6}$$

$$\begin{cases} 0.051515M = K + S \\ \Delta S = 6 \times 10^{-5}(M - K) \end{cases}$$

[**例5**] 115.2kbit/s 非标准电话码流适配到 128kbit/s 通路中：

$$f_i=115.2 \text{ kbit/s}$$
$$\Delta f_i/f_i = \pm 1 \times 10^{-4}$$
$$f_o = 128 \text{kbit/s}$$
$$\Delta f_o/f_o = \pm 1 \times 10^{-4}$$
$$\begin{cases} 0.100\,000 M = K + S \\ \Delta S = 2 \times 10^{-4}(M-K) \end{cases}$$

	经 济 方 案	高 效 方 案
M	63	128
K	6	12
S	0.300 000	0.800 000
ΔS	0.011 400	0.023200
A_{jpp}	10%UI	20%UI

4. 实现电路

图 7-8 给出了准同步速率适配电路的例子，该电路是由输入缓冲存储器、控制电路和定时电路 3 个部分组成的。图中给出了定时电路产生的定时信号。图 7-9 给出了准同步速率恢复电路的例子。该电路是由包含缓冲存储器的锁相环、控制电路及同步/定时单元组成的。图中给出了同步/定时单元产生的控制信号。这两个电路实际上是单路准同步复接器。详细工作原理参见"数字复接"一章有关部分。

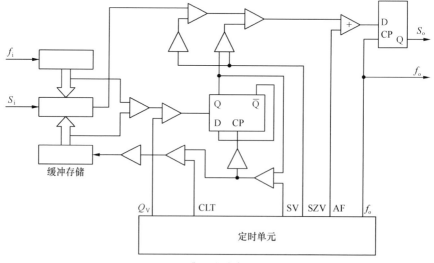

图 7-8 准同步速率适配电路

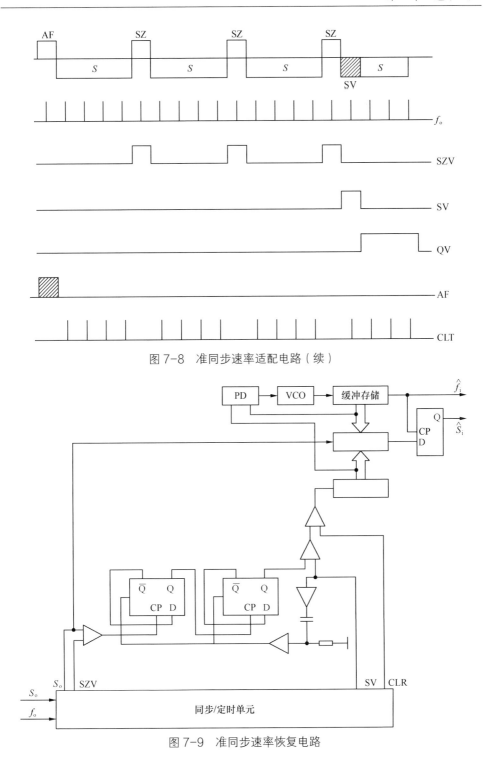

图 7-8 准同步速率适配电路（续）

图 7-9 准同步速率恢复电路

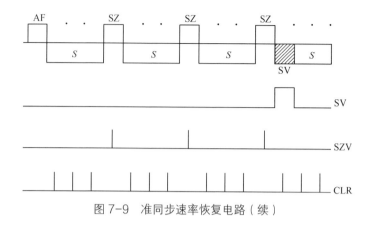

图 7-9 准同步速率恢复电路（续）

7.4 低速率异步适配

低速率异步适配用于低速率信码和低精度时钟的码流适配。例如，各种电报信号和低速数据情况。现有的低速异步适配技术优点是设备简单，缺点是适配效率较低，还常常引起码元宽度变化。这种码元宽度变化称为等时畸变。通常就用等时畸变做异步速率适配的衡量指标。目前比较常用的低速率异步适配技术有下列两种。

1. 简单采样法

图 7-10 给出了简单采样法异步速率适配原理图。概括地说，这种方案就是用较高速率的通路直接传输较低速率的信码。实际上，通过简单采样电路就可以完成这种异步适配过程。可见，设备特别简单。简单采样过程引入的等时畸变为

$$\eta = \frac{T_\text{o}}{T_\text{i}}$$

式中，T_o 是通路时隙宽度，T_i 是码流码元宽度。当等时畸变 η 限定之后，也就限定了最低通路速率：

$$f_\text{o} \geqslant \frac{1}{T_\text{i}\eta}$$

从式中可以看出，当要求等时畸变 η 小于 1/10 时，就限定了通路速率不得低于 10 倍的码流速率。可见，这种方法信道利用率是非常之低的。但是，在信码速率很低时，信道利用率并不是重要指标，而设备非常简单则是明显的长处。

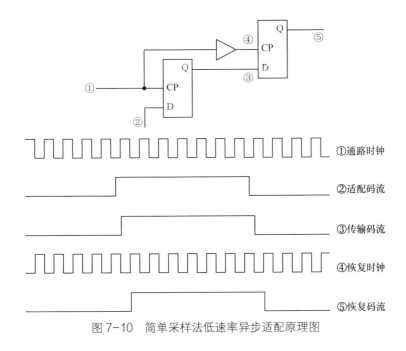

图 7-10　简单采样法低速率异步适配原理图

2. 跳变沿编码方法

图 7-11 给出了跳变沿编码方法的原理示意图。顾名思义，这种速率适配方法是把码流电平传输改变为码流的跳变沿传输，即只传送码流电平的变化信

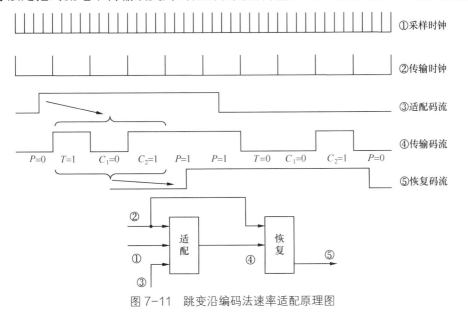

图 7-11　跳变沿编码法速率适配原理图

息。具体地说，要传输的信息是这样两件事：是否发生了跳变；如果发生了跳变，要标明是从 0 电平跳到 1 电平，还是从 1 电平跳到 0 电平。因此传送一个跳变沿，需要两位二进制信码。如果本方案到此为止，那么它与简单采样速率适配方案比较并没有什么好处。因为一次跳变究竟发生在一个时钟周期之内的具体什么时刻是不知道的，仅仅知道在两次采样之间发生了跳变。因此恢复后的最大等时畸变仍等于一个时钟周期。为了减小等时畸变，还要传送比较确切的发生跳变的时刻。比如把采样间隔（即时钟周期）分成四等分，形成 4 个子间隔，再用两位二进制码标明跳变是发生在第几子间隔之内。这样在钟频不变的情况下，就可以把等时畸变降低为原来的 1/4；或者在等时畸变保持不变时，通路速率就可以降低到原来的 1/4。归纳起来，本方案就是用 4 位二进制码来传送一个跳变沿。这 4 位码的可能组合如下。

跳变方向 编码 发生子间隔	从 1 到 0				从 0 到 1			
	P	T	C_1	C_2	P	T	C_1	C_2
1	1	0	0	0	0	1	1	1
2	1	0	0	1	0	1	1	0
3	1	0	1	0	0	1	0	1
4	1	0	1	1	0	1	0	0

符号 P 表示信码瞬时极性，即未发生跳变或跳变之后稳态时的电平。$P=1$ 表示二进制信码为"1"或高电平；$P=0$ 表示二进制信码为"0"或低电平。在未发生跳变时，通路将连续传送 P 符号。符号 T 表示跳变方向。符号 C_1 及 C_2 表示跳变发生在第几子间隔内。

7.5　高速率异步适配

低速率异步适配的适配效率很低，不适于高速率码流速率适配。高速率码流通常具有高精度的时钟，因此可以采用更为合适的速率适配方法。这就是前一章所介绍的帧调整器。

利用帧调整器作为异步速率适配要引入滑帧损伤。滑帧损伤用滑帧频率或滑帧周期来表示，其数值大小取决于信码钟频与通路钟频之差以及信码漂移损伤程度。

可以把高速率异步适配看成是帧调整器的一种典型应用。这种方法在卫星链路与陆地网连接中比较适用。

7.6　卫星链路与陆地网连接

卫星链路通常连接两个独立的陆地网,而卫星链路本身又是一个独立的传输系统。因此卫星链路与陆地网连接相当于 3 个独立网络串接。陆地网一般用原子钟 $\left(\left|\dfrac{\Delta f}{f}\right|=1\times10^{-11}\right)$ 做参考时钟。卫星传输系统则不尽然,早期的采用精密石英钟 $\left(\left|\dfrac{\Delta f}{f}\right|=1\times10^{-9}\right)$ 做参考时钟;近期有的也采用原子钟作为参考时钟。因此,卫星链路与陆地网连接存在两种可能的情况,即两个原子钟网与一个石英钟网串接情况;以及 3 个原子钟网串接情况。

从技术上说,实现上述 3 个独立网络串接,至少有两种技术可用。即采用码速调整技术的准同步速率适配;采用帧调整技术的异步速率适配。图 7-12 给出了这两种速率适配方法的简图。在码速调整准同步速率适配方案中,按码流流动方向,在陆地网 A 与卫星传输系统发送端 B 之间的接口上,通过码速调整插件实现准同步速率适配;经过卫星链路之后,到卫星传输接收端 B′ 与陆地网 C 的接口上,经过码速恢复插件,又恢复为陆地网 A 的时钟 (f_A);然后再

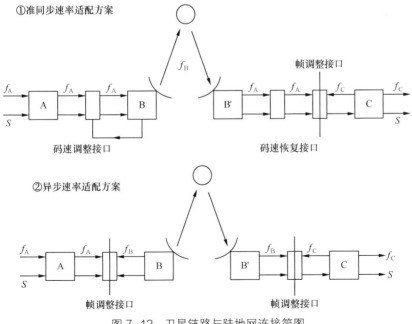

图 7-12　卫星链路与陆地网连接简图

经过帧调整器与陆地网 C 实现异步适配。即用时钟 f_C 取代时钟 f_A。可见，当采用码速调整准同步速率适配时，卫星传输系统的时钟对于接口滑帧并不起作用。这时决定接口滑帧的仅是两个陆地网的时钟容差。在帧调整异步速率适配方案中，按码流流动方向，陆地网 A 与卫星链路发端 B 之间的接口以及卫星链路接收端 B′ 与陆地网 C 之间的接口，都同样采用帧调整异步速率适配。整个串接滑帧等于两个接口滑帧之和。因此，其总的接口滑帧与 3 个网络的时钟容差都有关系。针对上述两种具体情况和两项实现技术，存在下列 4 种可能实施的方案。

（1）卫星传输系统采用石英钟；接口采用帧调整异步速率适配方案。基群帧周期 $T_s=125\mu s$，原子钟频容差 $\left|\dfrac{\Delta f}{f}\right|_1=1\times10^{-11}$，石英钟频容差 $\left|\dfrac{\Delta f}{f}\right|_2=1\times10^{-9}$，3 个网络串接的滑帧周期为

$$
\begin{aligned}
T_{\text{slip}} &= \frac{T_s}{2\left(\left|\dfrac{\Delta f}{f}\right|_1+\left|\dfrac{\Delta f}{f}\right|_2\right)} \\
&= \frac{125\times10^{-6}}{2(1\times10^{-11}+1\times10^{-9})}(\text{s}) \\
&\approx 0.72（天）
\end{aligned}
$$

（2）卫星传输系统采用原子钟；接口采用帧调整异步速率适配方案。3 个网络串接的滑帧周期为

$$
\begin{aligned}
T_{\text{slip}} &= \frac{T_s}{4\left|\dfrac{\Delta f}{f}\right|_1} \\
&= \frac{125\times10^{-6}}{4\times10^{-11}}(\text{s}) \\
&\approx 36（天）
\end{aligned}
$$

（3）卫星传输系统采用石英钟；接口采用码速调整准同步适配方案。3 个网络串接的滑帧周期为

$$
\begin{aligned}
T_{\text{slip}} &= \frac{T_s}{2\left|\dfrac{\Delta f}{f}\right|_1} \\
&= \frac{125\times10^{-6}}{2\times10^{-11}}(\text{s}) \\
&\approx 72（天）
\end{aligned}
$$

（4）卫星传输系统采用原子钟；接口采用码速调整准同步适配方案。3 个网络串接的滑帧周期为

$$T_{slip} = \frac{T_s}{2\left|\dfrac{\Delta f}{f}\right|_1}$$

$$= \frac{125 \times 10^{-6}}{2 \times 10^{-11}} (s)$$

$$\approx 72 (天)$$

比较上述 4 种可行方案可以得出下列结论：当通过卫星链路来连接两个陆地网时，如果卫星链路采用石英钟，宜采用码速调整准同步速率适配方案。这时如果采用帧调整异步速率适配方案，滑帧频率要加大 100 倍，这是不能容许的；如果卫星链路采用原子钟，则采用其中任何一种速率适配方案都可以。如果采用帧调整异步速率适配方案，滑帧周期要减小一半，但是设备要简单些，而且可以附带实现帧调整功能。

第8章 复用群变换

8.1 复用群变换问题

目前，国际电信网发展正处于从模拟网向数字网过渡时期。一些国家的现存模拟电信网已经相当完善。其中，长途模拟传输系统采用频分复用（FDM）体制。例如，各种同轴电缆与载波机构成的有线传输系统；各种微波接力机与载波机构成的无线传输系统。其中，长途交换机与市话交换机也采用空分模拟交换体制。这些模拟传输系统与模拟交换机构成了现有的模拟通信网的物质基础。但是，采用时分复用（TDM）体制的数字传输系统与数字交换机相继问世。例如，由数字光缆与数字复接器构成的数字传输系统；由程控数字交换机（内含数字复接器）及网同步系统构成的数字交换系统。由于数字系统较之模拟系统在技术与经济方面的优越性，促使一些国家相继停止模拟系统设备的生产，而在未来的电信网中逐步推广数字系统设备，并将全部采用数字系统设备。在这两种技术设备更替期间，就形成了一个从模拟网到数字网的过渡时期。在此过渡时期，必须解决模拟网与数字网之间的兼容问题。具体地说，必须解决频分复用群（FDM）与时分复用群（TDM）之间的变换问题。

FDM 与 TDM 的变换问题，是指时分多路信号如何通过模拟复用信道；频分多路信号如何通过数字复接信道。众所周知，这种变换至少有两类实现方法。其一是以路为单位的变换，简称路变换；其二是以群为单位的变换，简称群变换。

图 8-1 给出了路变换兼容简图。其中单边带频分复用（SSB-FDM）基群载波机的音频话路连接线与时分复用脉冲编码调制（TDM-PCM）基群复接器的音频话路连接线，一一对应地在配线架上接通。这样就实现了 FDM 与 TDM 变换。这种互通方法的优点是十分明显的：这种互联未涉及任何新设备或新方法。设备全是原有的，方法也是通常惯用的。但是，这种互通方法的缺点也是很清楚的。这种连接要用到基群载波机、音频话路配线架以及基群复接器，由这些设备构成的互联系统，体积是比较大的。基群载波机与基群复接器，在载

波机与复接器系列中都是比较复杂的。这主要是因为这两种基群设备都包含大量音频话路接口设备，它们是相当复杂的。这一切必然导致设备成本昂贵。体积大和成本高是路变换的主要缺点。

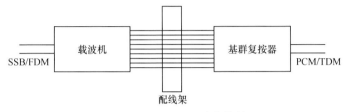

图 8-1　FDM-TDM 路变换简图

图 8-2 给出了群变换兼容简图。可以看出，群变换互通是由一个整机完成的，不存在音频接口与话音配线连接问题，这样自然会减小系统设备体积。至于能否降低成本则取决于所采用的具体技术。下面来讨论可能实现的 3 种群变换方案。

图 8-2　FDM-TDM 群变换简图

图 8-3 给出了宽带编译码群变换方案。它是由普通的宽带编码器和宽带解码器组成的。FDM 信号经宽带编码器变成与之对应的 TDM 信号，即可在数字网中传输；到达目的地之后，再经宽带解码器恢复成为原来的 FDM 信号。不难看出，这种方法比较简单。但存在两个问题。这种方案只能实现 FDM 信号在 TDM 信道中传输，却无法实现 TDM 信号在 FDM 信道中传输，即这种变换互通只是单方向的。此外，FDM 信号经编码变成 TDM 信号之后，它的结构与 TDM 网络中同样速率的通用码流结构是无法统一的，即无法与数字信号实现路兼容。

图 8-4 给出了高次群数传机群变换方案。这种方案也是早已熟悉的。在 FDM 传输系统上配备相应的数传机设备就等于接上了数字接口。因此 TDM 数字信号就可以通过数传机接口变成相应的 FDM 信号，经 FDM 通路传输。待到达目的地之后，再经数传机恢复成原来的 TDM 信号。当速率较低时，数传机是比较简单而且相当便宜的。但是当数字速率较高时，数传机就变得相当复杂而且价格昂贵。显然，用数传机实现的变换也是单方向的，即只能完成数字信号利用模拟通道传输。同样，TDM 信号经数传机形成的 FDM 信号，在模拟网中即使占用的频带相同，而其群结构却无法与 FDM 的标准群结构统一起来。这两种方案的共同点是，能单方面利用，却不能实现互通；能变成同类

信号形式，却不能实现兼容。

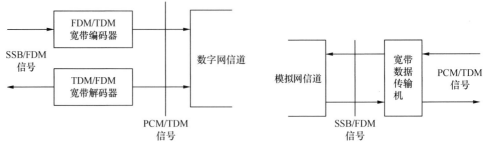

图 8-3　宽带编译码群变换简图　　　　图 8-4　宽带数传机群变换简图

图 8-5 给出了一种既能实现互通又能实现兼容的 FDM-TDM 群变换方案。这就是本章要重点介绍的复用转换器（TMPX）。CCITT 给复用转换器下的具体定义是：把频分复用信号（如基群和超群信号）转换为相应的时分复用信号的设备。这种时分复用信号与从脉码调制复用设备中所得到的信号具有相同的结构。这种设备能进行相反的转换。

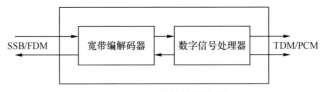

图 8-5　复用转换器简图

从原理上来说,这种设备是由数字信号处理器和宽带编译码器两部分组成的。其中数字信号处理器把各路 PCM 信号频谱有选择地滤出一个边带，再按 FDM 信号标准要求排列起来，随后经宽带译码器转换成为 SSB/FDM 信号。反之，SSB/FDM 信号经宽带编码器转换成待处理的数字信号，随后经数字信号处理器进行频谱变换，最后形成 TDM/PCM 信号。这一系列群变换操作主要是在数字信号处理器中以数字信号方式进行的。这样，尽管这种数字信号处理过程不甚简单，但是却提供了可能降低成本的条件。因为随着数字集成电路工艺的发展，数字处理设备的功能会大幅度强化，而成本则会大幅度降低。减小体积与降低成本，这恰恰就是提出 FDM-TDM 群变换方案的主要目的。

8.2　复用转换原理

前面已经提到，SSB/FDM 信号与 PCM/TDM 信号之间转换，最简明的方法莫过于在音频级做一路对一路的连接。因为在音频级上，无论是 SSB/FDM 信号，还是 PCM/TDM 信号，都要转化为统一形式的信号。但是这种转换成本高、体积人，故不足取。为了避免在音频级上转按，只好在数字群信号与模拟群信号之间转换。但是这种群信号之间的转换，必须满足互通与兼容的要求。这就是说，模拟群信号转换成数字群信号之后，相应的数字群信号必须与 PCM 复用得到的同级数字群信号的结构完全一致；数字群信号转换成模拟群信号之后，相应的模拟群信号必须与通过载波机得到同级模拟群信号的结构完全一致。或者说，尽管 FDM 与 TDM 信号之间的转换是以群转换形式进行的，但是在这种变换过程中，单路 SSB/FDM 信号与其对应的单路 PCM/TDM 信号的频谱必须是严格一一对应的，而且反向变换也是如此。下列公式分别给出了单路 SSB/FDM 信号和单路 PCM/TDM 信号频谱表达式。

　　单路 SSB/FDM 信号频谱：令载频 $V_c=A\cos\omega_c t$，其中 ω_c 是载波角频率；音频基带信号 $V_s=m\cos\omega t$，其中 $\omega\leqslant\omega_m$，ω_m 是音频基带上限。其载波调制信号的下边带频谱表达式为

$$V_L=\frac{1}{2}mA\cos(\omega_c-\omega)\ ,\ \ \omega\leqslant\omega_m$$

　　单路 PCM/TDM 信号频谱：设音频信号时间表达式为 $f(t)$，经取样之后的双边带频谱表达式为

$$F_s(\mathrm{j}\omega)=\frac{2\pi}{T}\sum_{\pi=-\infty}^{\infty}\left[F+\mathrm{j}\ (\omega-n\omega_s)+F-\mathrm{j}\ (\omega-n\omega_s)\right]$$

式中 ω_s 是采样角频率。

　　按采样定理，取采样频率 f_s 等于两倍的最高音频基带频率 f_m。其中，$f_m=4\mathrm{kHz}$，故 $f_s=8\mathrm{kHz}$。上列两种频谱表达式的图解见图 8-6。

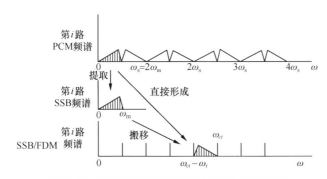

图 8-6　单路 PCM 频谱及相应 SSB 频谱图解

　　从图中可以看出，SSB/FDM 群信号与 PCM/TDM 群信号之间的变换，其

实就是 N 个 SSB 路信号与 PCM 路信号之间的频谱变换。具体地说，只要能够从 PCM 路信号频谱中取出一个下边带，并把它倒置搬移到规定的频域位置上，就完成了从 TDM 到 FDM 变换；只要能从频域规定位置上取出一路频谱，并复制出相应的 PCM 路频谱，也就完成了从 FDM 到 TDM 的变换。实际上，就是因为实现这种变换路频谱的方法不同，才出现了多种多样的复用转换方案。但是无论实现方案如何不同，其实质都是完成这种路频谱变换。

此外，还要说明实施这种变换的条件。此处列出的单路 PCM 信号表达公式，是指线性 PCM 信号的频谱。而实际参与复用转换的 PCM 群信号都是根据 CCITT 建议 G.711 规定，经过压缩了的。为此在频谱变换之前，除了分路之外，还要把压缩码变成线性码（这时编码位数可能要有所增加）。这些工作通常由 TDM 接口单元来完成。另外，还要说明，上述全部频谱变换过程都是在数字信号形式下进行的。因此，在完成数字处理之后，要进行数模变换，变成模拟信号。出于技术上的考虑，在把各单路 PCM 信号下边带排列在频率轴上时，各个副载波不宜选得过高，通常排列成从零开始的多路基带信号。然后再调制到规定的群载波之上，最后形成标准的 FDM 群信号。这些操作通常由 FDM 接口单元来进行。

综上所述，归纳起来，具体实现的复用转换器是由 3 种单元组成的，即 TDM 接口单元、数字处理单元和 FDM 接口单元。图 8-7 给出了 CCITT 建议

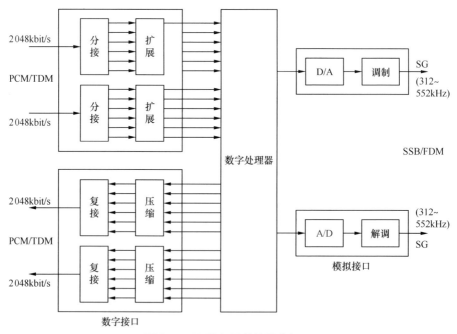

图 8-7　60 路复用转换器方框图

G.793 推荐的 60 路复用转换器的方框图。图中所示的两种接口单元，基本上都是技术比较成熟甚至已经标准化了的电路。只有数字处理单元才是值得进一步说明的部分。具体实现频谱变换的数字处理技术已经提出了许多种。而且随着数字信号处理技术的研究深化，仍在出现更新的数字处理方法。对于实现复用转换的数字处理技术来说，追求的目标不外乎是简化运算和适于电路集成这两个方面。下面先简要介绍几类实现复用转换的典型方法，最后加以比较，以说明优选方案的合理性。

1. 滤波/调制法

　　图 8-8 给出了滤波/调制法的工作原理图。这种频谱转换是分两步进行的。第一步，从单路 PCM 信号频谱中提取出一个下边带，即完成滤波提取操作；第二步，把提取的边带调制到一个分配的载频上，即完成了频谱倒置和搬移操作。这种方案比较直观，看起来相当简单，但是当变换群的路数较大时，用数字方法来完成上述操作是相当复杂的。其中，主要是需要大量高速乘法器，运算量也比较大。所以，这种简单滤波/调制方案不宜实用。但是提出这种方案却给人以启发。例如，按此思路提出的多级定向滤波方案就可能得到实用。

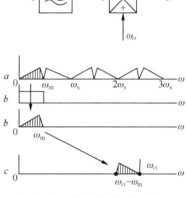

图 8-8　滤波/调制法原理图

2. 数字单边带法

　　数字单边带法也有几种具体实现方案，例如希尔伯特（Hilbert）移相法和韦弗—达林顿（Weaver-Darlington）法。这类方案的基本思路都是通过数字运算和处理，从单路 PCM 数字信号频谱中提取单边带频谱，同时完成频谱搬移，最终形成处于规定频域位置上的数字单边带信号。

　　图 8-9 给出了 Weaver-Darlington 方案的工作原理。整个频谱变换是经两步完成的。第一步，调制运算，并经低通滤波提取下边带频谱；第二步，调制运算及求和，得到了最后需要的数字单边带信号。这种方案所需的乘法运算次数较少，而且不需要的边带受到了精确的抵消。

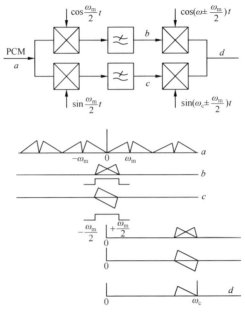

图 8-9　Weaver-Darlington 法原理图

3. 高速傅氏变换法

高速傅氏变换法目前已经提出了两类实施方案，即复数输入型的 FFT 法和实数输入型的 FFT 法。其中复数输入型的 FFT 法能够使得计算速度降低到很接近最佳化的程度。但是，由于需要把输入信号转变为复数形式才能参与运算，因此在输入端需要如同第二类方法那样，用 Weaver 调制器产生复数信号，这样设备就要复杂化。而实数输入的 FFT 方法则不需要这种预先处理。故这种方法不但要求的运算速度低而且硬件也得到简化。图 8-10 给出了这种实数输入型 FFT 方案工作原理图。

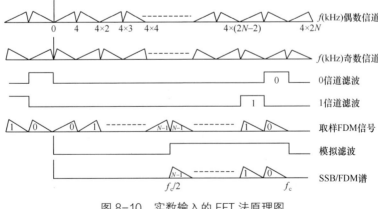

图 8-10　实数输入的 FFT 法原理图

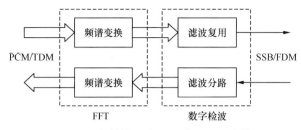

图 8-10　实数输入的 FFT 法原理图（续）

从图中可以看出，整个变换过程是分三步进行的。第一步是频谱变换：把每隔一帧的 PCM 信号的比特符号翻转，产生频谱被倒置的 PCM 信号频谱；第二步是滤波和复用，通过高速傅氏变换和数字滤波，从 PCM 频谱（偶数信道谱）和倒置 PCM 频谱（奇数信道谱）中过滤出相应的频谱成分，形成数字形式的 FDM 取样信号谱；第三步经一个模拟带通滤波器取出 FDM 取样频谱的一个边带，最后形成 SSB/FDM 频谱。

图 8-11 给出了上述 3 类经典复用转换方案的比较数据。从中可以看出，高速傅里叶变换方案每路每秒乘法运算次数要求最低；而且随着变换群所含总路数增加，每路每秒乘法运算次数要求也不增加。因此，国际上在提出高速傅氏变换方案之后，基本上不再采用其他复用转换方案。至于实现高速傅氏变换可能采用不同的具体运算方式。这些细节考虑主要出于如何

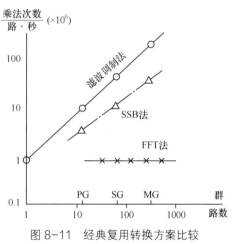

图 8-11　经典复用转换方案比较

便于实现电路集成。此外也可能出于国家尊严或专利考虑，但是对技术性能影响不甚显著。随着数字处理技术研究深化，还可能把更新的数字处理技术用于复用转换方面。但是本章作为复用转换技术基本原理介绍，至此完成了它的基本任务。

8.3　技术设计

在具体设计复用转换器时，应当考虑下列与技术实现密切相关的几个方面。

1. 转换群容量选择

在选择转换群容量时，应当考虑规划的灵活性、标准性、转换效率及技术难度。考虑到规划灵活性和技术难度不宜把转换群容量选得过大；考虑到转换的标准性，应当尽可能以现有的 FDM 标准群及 TDM 标准群作为群变换的基本单位；考虑到转变效率，根据群容量应当取 FDM 群与 TDM 群的最小公倍数。表 8-1 给出了 FDM 和 TDM 信号标准群规定。

表 8-1　　　　　　　　　　　　　　　FDM/TDM 变换规定

FDM			变　换	TDM		
级	路数	标志	容量 N	速率（kbit/s）	路　数	级
5	3600	JG		564 992	7680	5
4	900	SMG		139 264	1920	4
3	300	MG		34 368	480	3
2	60	SG	1:2(N=60)	8 448	120	2
1	12	PG	5:2	2 048	30	1

从表中可以看出，一个 FDM 超群与两个 TDM 2048kbit/s 群转换比较符合上述 4 个方面考虑。由于这种转换器在 FDM 方面是利用超群（SG），故称这种复用转换器为 S 型复用转换器。这种 S 型复用转换器的转换容量为 N=60。在 TDM 1544kbit/s 系列中，两个 FDM 信号基群（PG）刚好等于一个 TDM 1544kbit/s 容量。这种转换设备称为 P 型转换器，转换容量为 N=24。本节将以 60 路复用转换器为例，介绍下列其他方面的技术实现考虑。

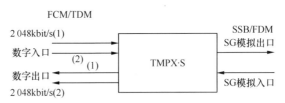

图 8-12　60 路复用转换器接口简图

2. 数字接口

编码率：符合 CCITT 建议 G.711 中规定的 A 律；

接口：符合 CCITT 建议 G.703 中规定的 2048kbit/s 接口；

帧结构：符合 CCITT 建议 G.732 规定。

3. 模拟接口

按口：符合 CCITT 建议 G.233 中规定的 60 路超群结构。超群频带为 312～552kHz。在超群分配架上的信号电平：发送-36dBr；接收-30dBr。阻抗为不平衡 75Ω。

导频：符合 CCITT 建议 G.241。超群导频为 411 920Hz；基群导频按基群序号分别为 335 920Hz、383 920Hz、431 920Hz、479 920Hz 和 527 920Hz。所有导频的电平全为-20dBm0。

4. 模拟与数字信道间的对应关系

模拟信道与数字信道之间的固定对应关系规定见表 8-2。

表 8-2   TDM/FDM 对应关系

TDM 群	群编号	1	1	1	2	2	2
	信道编号	1～12	13～24	25～30	1～6	7～18	19～30
FDM 群	基群编号	1	2	3	3	4	5
	频带（kHz）	312～360	360～408	408～432	432～456	456～504	504～552

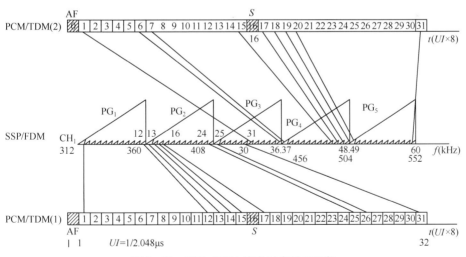

图 8-13 SSB-PCM 信道对应关系图解

5. 定时

复用转换器内时钟容差±1×10⁻⁷。

复用转换器能接受 PCM 信号 $\pm 50 \times 10^{-6}$ 的外时钟同步工作。

6. 输入 PCM 码流准同步调整

当两个 PCM 输入码流与复用转换器处于准同步状态（频率容差 $\pm 50 \times 10^{-6}$）时，复用转换器的 PCM 入口应设帧调整器，以便把准同步码流与复用转换器同步化。这种同步变换符合建议 G.811。

7. 信令

带内信令：对于随路信令来说，60 路复用转换器是透明的；带外信令：当采用 R_2 信令系统时，在 PCM/TDM 基群帧结构中的第 16 时隙，与 SSB/FDM 超群频谱中的 3825Hz 带外信令频率之间，应建立一种严格的对应关系。信令信息可以在实施数字信号处理之前加入话路，由数字信号处理机一起处理（基群和超群导频信号，也同样是在数字处理之前插入回路）；在接收方向，在同一位置取出信令信息。

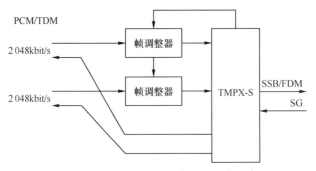

图 8-14　PCM 码流入口准同步调整连接图

共路信令：当共路信令必须通过复用转换器时，要注意在复用转换器中，一个话路的传输能力要限制在 300～3400Hz 频带可能通过的数据速率之内；当共路信令不通过复用转换器时，不存在什么特殊问题。

8. 监控和告警

可以利用空闲话路对复用转换器的功能实施监测。例如，出现故障时，这些空闲话路会出现串话。为了能迅速地发现故障，应当设计一个高效能的诊断系统。

在建议 G.793 中，对于采用 R_2（1bit 数字型式）信令系统的复用转换器，可能出现的故障及相应措施做了具体规定，见表 8-3。

表 8-3 G.793 监控和告警规定

相应措施: 故障情况	即时维护告警	时隙0比特3变为"1"	帧0时隙16比特6变为"1"	阻断故障语言信道	阻断故障信令信道	切断导频	发告警指示信号	时隙16比特6变为"1"
PCM 信号消失 $P_e>1\times10^{-3}$ 帧失位	√	√		√ PCM→FDM	√ PCM→FDM I/	√		
复帧失位	√		√		√ PCM→FDM	√		
基群导频消失	√			√ FDM→PDM	√ FDM→PCM		√	√
超群导频消失	√							
导频变化>4dB	√							
电源故障	√					√ (如果可能)	√ (如果可能)	
系统故障	√					√ (5个基群)	√	√
同步故障	√							

9. 硬件实现

在考虑复用转换器硬件实现时,要注意两点事实,即复用转换器硬件复杂,必须大幅度简化;复用转换器使用量不会太大,走专用集成电路这条路在经济上是有困难的。因此,复用转换器在功能上必须模块化;在器件选择上必须通用化。其中核心是,数字处理单元必须向通用数字处理机靠近。例如,在技术方案上采取 FFT 技术或数字滤波技术有利于采用通用硬件。

8.4 技术特性

S 型复用转换器的技术特性应当符合 CCITT 建议 G.792。测试方法参见图 8-15(即 CCITT 图 1/G.792)。

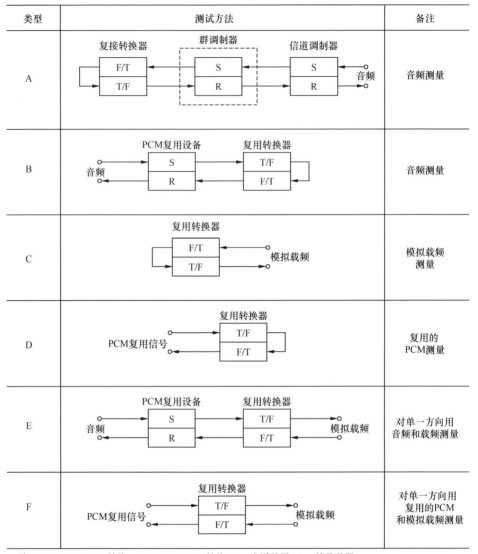

注：T/F：TDM-FDM转换；F/T：FDM-TDM转换；S：发送装置；R：接收装置。

图 8-15　复用转换器测试方法框图

（1）编码率：A 律（G.711）；

（2）抽样率：$8kHz\pm50\times10^{-6}$；

（3）PCM 信道幅值限制：＋3.14dBm0；

（4）模拟虚载频精度：$\pm1\times10^{-7}$；

（5）导频特性：电平：$-20dBm0\pm4dB$；

　　　　　　　频率：411 920kHz$\pm$1Hz；

（6）模拟群输入端饱和电平：等效峰值功率电平：20.8dBm0；

（7）输入电平变化范围：±2dB；

（8）音频带内测量方法：见图 8-15。其中，C 和 D 是优选方法；A 是暂用方法；B 和 E 是参考方法。

（9）音频带内衰减失真与频率的关系用测量方法 C。

用测量方法 C。

发送电平 0dBmo，参考频率 800Hz。测量结果应符合样板图 8-16（即 CCITT 图 2/G.792）；

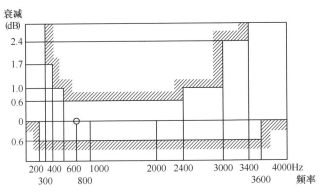

图 8-16　带内衰减失真样板图

（10）群时延

用测量方法 C。

群时延绝对值：在 300～3 400Hz 频段内，小于 3ms；

群时延失真：输入电平为 0dBm0，测量结果应符合样板图 8-17（即 CCITT 图 3/G.792）。

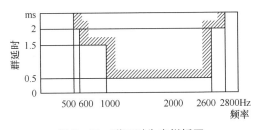

图 8-17　群延时失真样板图

（11）噪声

用测量方法 C。

所有信道都空闲时的空闲信道噪声：PCM 接口输入全 "1" 码，发导频，数字输出端任一信道上用噪声计测出的噪声不得超过-65dBm0p；

除被测信道外其余信道都加载的情况下，空闲信道噪声：不发导频或带外信令；信道加载噪声电平基群 3.3dBm0，超群 6.1dBm0；采用白噪声法测量（G.228），在 3100Hz 频带内空闲噪声不得超过-60dBm0；

PCM-FDM 方向上全部信道都空闲时的空闲噪声：用测量方法 F，全部PCM 输入口加全"1"码，在任一模拟信道出口测得的噪声电平要低于-70dBm0p。

（12）交调

用测量方法 C。

在 300～3400Hz 频段选两个不存在谐波关系的两个正弦波（f_1 和 f_2），电平在-21～-4dBm0 范围内同时加到模拟入口，则交调（$2f_1-f_2$）电平不高于-35dB。

（13）包括量化失真的总失真

用测量方法 D（或暂用方法 A）。

方法 1：把一个适当的噪声信号加到信道入口，在输出口测得的信号/总失真功率比应符合样板图 8-18（即 CCITT 图 4/G.792）；

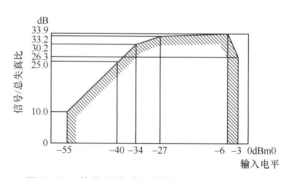

图 8-18 信号/总失真比样板图（测量方法 1）

方法 2：在 700～1100Hz 或 350～550Hz 频带内（除 8kHz 的约数）选出的正弦信号加到复用转换器数字入口的有关信道中，在适当的噪声衡重（G.223）情况下，测得的信号/总失真功率比应符合样板图 8-19（即 CCITT 图 5/G.792）。

（14）带内寄生信号

用测试方法 C。

在 700～1100Hz（除 8kHz 的约数）频带内，选一电平为 0dBm0 的正弦波加到信道入口，则在 300～3400Hz 频带内测得的不同于输入信号频率的任何寄生信号电平都应低于-40dBm0。

（15）增益随输入电平的变化

用测量方法 C。

模拟输入端存在导频，在 700～1100Hz（除 8kHz 的约数）频带内，选一电平在-55～＋3dBm0 的正弦信号，加到模拟入口的有关信道中，增益相对于基准增益（输入电平为-10dBm0 时的增益）的变化量应符合样板图 8-20（即 CCITT 图 6/G.792）。

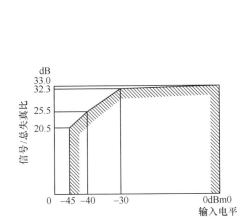

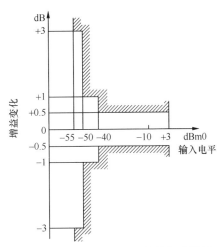

图 8-19　信号/总失真比样板图（测量方法 2）　图 8-20　增益随输入电平变化标准样板图

（16）串音

用测试方法 C。

可懂串音：在 700～1100Hz（除 8kHz 的约数）频带内，信号电平为 0dBm0 情况下，测得的串音比（串音防卫度）应大于 62dB。

不可懂串音：把一个符合建议 G.227 的 0dBm0 电平的电话信号，加到数字端的任何信道中，在其他数字输出信道中测得的串音电平不得超过-60dBm0p。

（17）去向和返向间串音

用测试方法 F。

把全"1"PCM 信号加到全部数字入口；把 300～3400Hz 频带内电平为 0dBm0 的一个正弦信号，加到模拟信道入口，在其对应的反向信道中测得的串音应低于-60dB。即近端串音比应大于 60dB。

（18）FDM 群内各信道当量相对于该群导频信道当量的变化

用测试方法 C。

在复用转换器模拟输入端存在电平为 0dBm0 的 800Hz 正弦信号时，在模拟输出端测得的电平变化范围，应在 FDM 导频信道测得电平的±1dB 之内。

（19）编码率和模拟电平之间的关系调整

用测试方法 F。

把符合 CCITT 表 5/G.711 的特征信号序列加到复用转换器的数字输入端，在复用转换器的模拟输出端，应输出频率为 1kHz，电平在-0.5～+0.5dBm0 范围内的正弦信号。

（20）模拟口的载漏

用测量方法 C。

复用转换器模拟输入端接标称阻抗，在群配线架上测得的 60～108kHz 带内单路载漏应低于-26dBm0；60～108kHz 带外载漏应低于-50dBm0。

（21）模拟口对带外信号的防护

用测量方法 C 或 F。

模拟输出端的带外杂散信号：在串到相邻 FDM 群去的串音中，建议 G.242（a）中规定的需要成分与不需要成分之比应为 70dB；

模拟输入端的带外信号引起的串音：在从相邻 FDM 群来的串音中，建议 G.242（a）中规定的需要成分与不需要成分之比应为 70dB。

（22）导频的防护和抑制

用测量方法 F。

基群导频（84.080kHz）应满足建议 G.233N（a）的要求；

超群导频（411.920 kHz）应满足建议 G.232N（b）的要求。

（23）带外信令的防护和抑制

带外信令的保护：用测量方法 F。

当把电平为 0dBm0 的正弦波加到相关信道的数字输入端时，在复用转换器模拟输出端测得的电平不得超过样板图 8-21（即 CCITT 图 7/G.792）；

当把一个频率为 f 的正弦波加到相邻信道的数字输入端时，它产生 4kHz＋f 和 4kHz－f 两个信号。当把频率为 f 的正弦波，以图 8-21 中对应 4kHz＋f 的电平加到相邻信道的数字输入端时，在复用转换器模拟输出端测得的 4kHz＋f 信号电平不得高于-33dBm0；当把频率为 f 的正弦波，以低于图 8-21 中对应 4kHz－f 的电平加到相邻信道数字输入端时，在复用转换器模拟输出端测得的 4kHz－f 信号电平不得高于-33dBm0。

带外信号对电话信道的干扰：用测量方法 D。

无论用带外连续低电平（-20dBm0）信令，或是用带外脉冲式（频率为 10Hz）高电平（-5dBm0）信令，任何信道中的信令噪声都不得超过-65dBm0p；

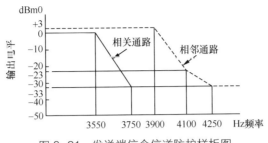

图 8-21　发送端信令信道防护样板图

（24）短期和长期稳定性

用测量方法 C。

在规定的电源电压及环境温度变化范围之内，当把电平为 0dBm0 的正弦波加到复用转换器的模拟输入端时，在模拟输出端测得的电平值，在正常工作连续 10min 内变化不大于±0.2dB；在连续 30 天内变化不大于±0.5dB；一年内变化不大于±11dB。

8.5　工程应用

1.　典型设备

20 世纪 80 年代初，挪威研制成功的 S 型复用转换设备概况如下。

设备方框图为图 8-22。

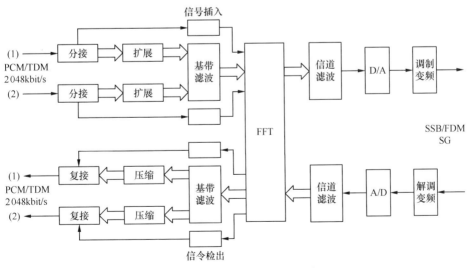

图 8-22　挪威 S 型复用转换器方框图

有效乘法运算统计见表 8-4。

表 8-4 S 型复用转换器运算统计

单 元	乘法次数（×10⁶/s）	乘法时间（ns）	码字容量（bit）
PCM-FDM 基带滤波器	3.072	325	12×23
PCM-FDM 信道滤波器	7.168	140	16×16
FDM-PCM 信道滤波器	6.144	160	16×16
FDM-PCM 基带滤波器	2.560	390	12×23
快速傅氏变换	6.144	163	16×16
信令检出	2.944	340	12×12
合 计	28.032	1518	1464

设备硬件统计见表 8-5。

表 8-5 S 型复用转换器硬件统计

项 目	数 值
印制板（18×22cm²）	31
元件总计（＊）	980
• 小规模集成电路	150
• 中规模集成电路	720
• RAM 存储器	60
PROM 存储器	50
功耗（W）	170
稳定性（MTBF·年）	5

（＊）：元件中大多数为 TTL-低功耗肖特基器件；总元件数中未包括维护告警单元中的数字电路；模拟电路及去耦电路等未统计在内。

技术性能测量结果见表 8-6。

表 8-6 S 型复用转换器测量性能

项 目	CCITT G.792	测 量 值
衰减失真	见图 8-23	
群时延	3ms	1.9ms
群时延失真	见图 8-24	
所有信道空闲时的空闲噪声	−65dBm0p	−68dBm0p

续表

项　　　目	CCITT G.792	测　量　值
PCM-FDM 空闲噪声	−70dBm0p	−75dBm0p
除测量信道外所有信道加载的空闲噪声	−62.5dBm0p	−63.5dBm0p
包括量化失真的总失真	见图 8-25	
增益随输入电平变化	见图 8-26	
可懂串话衰减	65dB	67.5dB
不可懂串话	−60dBm0p	−63dBm0p
信令发送响应时间	7.0ms	6.5ms
信令全响应时间	30ms	15ms
正常电平±6dB 时信令脉冲响应失真	5ms	1ms

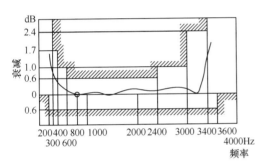

图 8-23　衰减失真测量结果

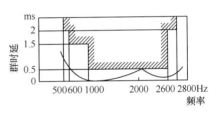

图 8-24　群时延失真测量结果

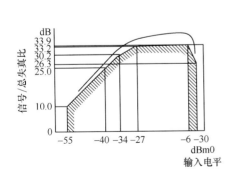

图 8-25　总失真测量结果

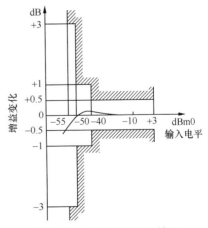

图 8-26　增益变化测量结果

2. 工程应用

复用转换设备，顾名思义，主要用于 FDM 群信号与 TDM 群信号之间互通，这种互通是兼容性的。图 8-27 给出了 3 种典型的工程应用：第一例是一个 SSB/FDM 超群与两个 PCM/TDM 基群之间互通；第二例是两个 SSB/FDM 超群与一个 TDM 二次群数字复接器之间互联；第三例是两个 SSB/FDM 超群与一部 TDM 程控交换机之间互联。在从模拟电信网向数字电信网过渡期间，模拟传输系统，特别是长途模拟传输系统，还将存在并将使用相当长的时期。故这种复用转换设备有它的历史性的实用价值。

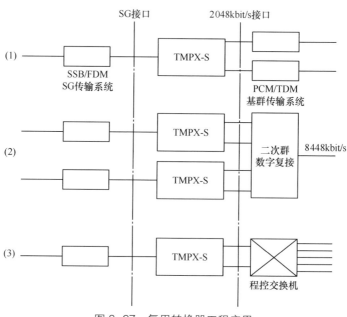

图 8-27 复用转换器工程应用

3. 前景展望

20 世纪 70 年代末、80 年代初，各国相继研制出了大同小异的复用转换设备。本节介绍的挪威生产的设备就是一个典型的例子。这说明，现在生产复用转换设备完全是现实的。在技术上完全可以达到 CCITT 建议 G.972 所要求的性能指标；另外在工程应用上，复用转换器也有它明显的长处，它综合了数字技术的各项主要优点，例如可以再生、无须补偿、采用数字处理技术更容易标准化、模块化等。利用这种设备实施转换连接，省去了复杂的连接。

但是，与载波机或数字复接器这类网络终端相比，复用转换器的工程应用前景仍存在不确定性。这主要出自两方面原因。其一是费用问题，目前实现复用转换器的硬件仍然相当复杂，价格也比较昂贵。可见，以现存中等规模集成电路为基础，尚不能把整机价格降到令人满意的程度。因此，人们把复用转换器应用的希望放在大规模与超大规模集成电路基础之上。但是，复用转换器应用数量不会很大，因而设计与生产超大规模专用集成电路就可能遇到经济性问题。这样复用转换器的高度集成化的希望只能放在采用通用超大规模集成电路方向上。而这方面，即复用转换器模块化，尚待做深入研究工作。其次，复用转换器的功耗和体积也是个尚待解决的问题。目前的复用转换器，与一般工艺相比，几乎谈不上减小体积，而大量使用数字电路，功耗却成了严重的问题。看来出路仍是简化设备，并采用低功耗器件。但是，这与工作速率又形成了新的矛盾。最后，复用转换器的工程应用价值还与模拟电信网向数字电信网过渡所经历的时期长短有关。无论情况如何，至少目前尚未找到比复用转换器更合适的 FDM-TDM 群变换设备。

第 9 章　话音编码变换

　　目前，在国际数字电话网中，CCITT 推荐了 3 种话音编码技术，即 A 律 64kbit/s PCM 编码、μ律 64kbit/s PCM 编码和 32kbit/s ADPCM 编码。因此，需要解决 3 种话音编码之间的互通问题。

　　解决话音编码互通问题，需要用到话音编码变换技术。目前 CCITT 已经推荐了实现 64kbit/s PCM 编码与 32kbit/s ADPCM 编码之间互通的码变换器（Transcoder）的建议文本；已经提出了实现 A 律 64kbit/s PCM 编码与μ律 64kbit/s PCM 编码之间互通的复用系统转换器（Multiplex System Converter，MSC）的建议草案文本。现把这两类话音编码变换技术概要介绍如下。

9.1　PCM-ADPCM 码变换

1. 问题的提出

　　20 世纪 80 年代初期，一种新的话音编码方式，即自适应差分脉冲编码调制（ADPCM）的研究工作取得了突破性进展。各国相继向 CCITT 提出了自己的研究报告，企图形成单独的国际标准。鉴于世界上并存两种 64kbit/s PCM 编码压扩方式（即 A 律压扩和μ律压扩），给国际电信网互联引入种种困难的经验教训，CCITT 及时提出了"今后国际上只能存在一种 ADPCM 标准"的提案。这项提案得到各国广泛支持。于是 CCITT 委托美、日、英、法、加、德 6 国组成了 ADPCM 特别研究组，对各国相关成果进行了充分广泛的测试。图 9-1 至图 9-5 给出了部分指标测试结果。

　　图 9-1 给出了用噪声法测得的量化信噪比与输入电平的关系曲线。结果表明，单级 ADPCM 量化信噪比和四级数字串接的同步 ADPCM 量化信噪比都介于单级 PCM 量化信噪比与 CCITT 建议 G.712 样板之间。两级数字串接的异步 ADPCM 量化信噪比相当接近 G.712 样板。图 9-2 给出了用正弦法测得的量化信噪比与输入电平的关系曲线。结论与噪声法测量结果相同，不同点在于两级数字串接的异步 ADPCM 信噪比仍优于 G.712 样板。可见，无论用哪种方法

测量，ADPCM 编码的量化信噪比都优于 CCITT 推荐标准，但是略劣于 PCM 指标。

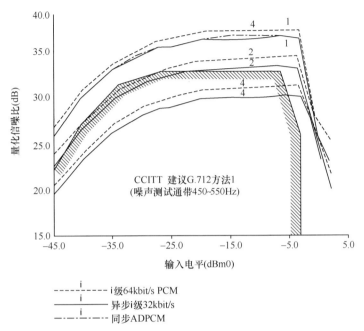

图 9-1　量化信噪比与输入电平的关系（噪声测量法）

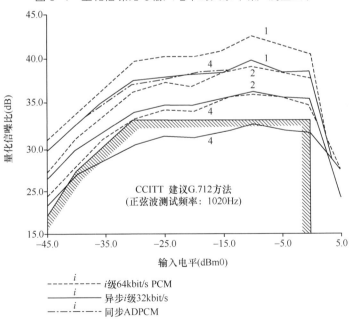

图 9-2　量化信噪比与输入电平的关系（正弦测量法）

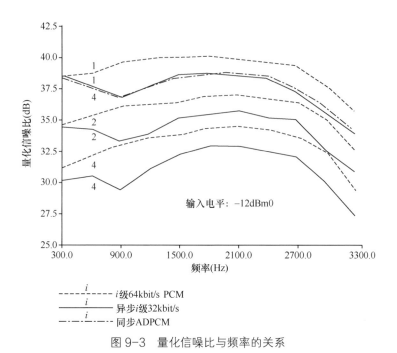

图 9-3 量化信噪比与频率的关系

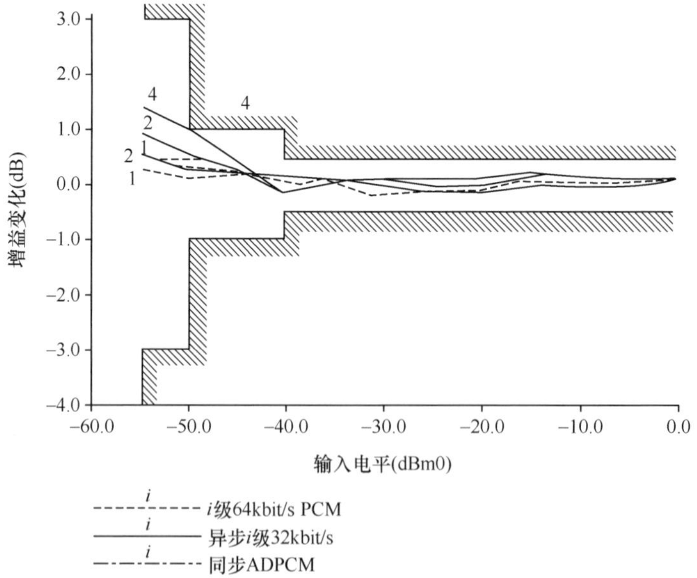

图 9-4 增益随输入电平的变化

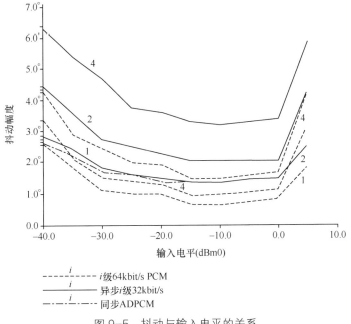

图 9-5　抖动与输入电平的关系

图 9-3 给出了量化信噪比与频率的关系曲线；图 9-4 给出了增益随输入电平变化的测量曲线；图 9-5 给出了抖动幅度相对于输入电平的关系曲线。从中可以看出，单级 ADPCM 和四级数字串接的同步 ADPCM 相关技术指标，与单级 PCM 对应的技术指标要差一些，但是彼此相当接近。这些测量足以说明，32kbit/s ADPCM 的主要技术指标超过了相关 CCITT 建议规定的技术指标，并且相当接近 64kbit/s 对应的技术指标。

这些技术指标测量结果在客观上肯定了 32kbit/s ADPCM 在数字网中的使用价值。因此，随之提出了在数字网中如何使用 32kbit/s ADPCM 技术的问题。

如果 32kbit/s ADPCM 成熟于 20 世纪 70 年代初，那么问题就容易回答。因为 32kbit/s ADPCM 的主要指标虽然略劣于 64kbit/s PCM，但是已经超过 CCITT 建议 G.712 样板要求；更为重要的是，32kbit/s ADPCM 较之 64kbit/s PCM 要节省一半的信道容量。在这种情况下，很可能选 32kbit/s ADPCM 作为数字网中的基本话路编码方式。这时，64kbit/s PCM 早已成为数字网的基本编码方式，以此为基础形成了相当完整的数字网国际标准体系。根据这些国际标准，各国已经生产出大量的电信设备。由这些标准设备建造的电信网已经在许多国家投入运行。这时，两种编码制式的取舍，不再是一个单纯的技术问题，而是一个有相当分量的经济问题。因此，就国际而言，32kbit/s ADPCM 不可能替代 64kbit/s PCM 作为基本的话音编码方式。那么，ADPCM 的实用出路何在？幸好，CCITT 很快就为这种新技术成就找到了合适的应用场合。这就是把 ADPCM 技术用于提高传输系统的传输效率。具体地说，利用 ADPCM 技术做成 64kbit/s PCM 与 32kbit/s ADPCM 之间的码变换器来实现信道增容。CCITT 建议 G.721 给出了这种编码变换的原理和算法；建议 G.761 给出了 60 路码变换器的整机总体性能。

2. PCM-ADPCM 码变换原理

CCITT 经过相当充分的理论及实验研究，提出了一种 PCM-ADPCM 码变换推荐算法。现把最后结果做概要介绍。

图 9-6 给出了 ADPCM 编码方框图，即从 PCM 到 ADPCM 的码变换原理图。其中变量 K 是采样点，规定在相距 125μs 的等间隔点上采样。图中各部分功能及相应算法说明如下。

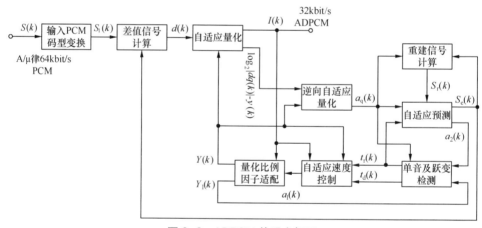

图 9-6 ADPCM 编码方框图

（1）输入 PCM 码型变换单元：输入信号 $S(k)$ 是 A 律（或μ律）64kbit/s PCM 编码信号，经本单元变为统一形式的线性 PCM 信号 $S_l(k)$。

（2）差值信号计算单元：在本单元中，由线性 PCM 信号 $S_l(k)$ 与其估值 $S_e(k)$ 相减，求得差值信号 $d(k)$：

$$d(k)=S_l(k)-S_e(k) \tag{1}$$

（3）自适应量化单元：这是一个 15 位的非均匀自适应量化单元。在量化

之前，要把差值信号 $d(k)$ 变成以 2 为底的对数形式，然后由比例因子 $Y(k)$ 定标（比例因子 $Y(t)$ 是由比例因子适配单元产生的）。表 9-1 给出了用精确值表示的自适应量化单元的归 化输入/输出特性。其中用 4 位二进制数字表示 $d(k)$ 的量化位（3 位表示绝对值，一位表示符号）。自适应量化单元有两路输出（参见表 9-3），其中四比特量化输出量 $I(k)$ 就是 32kbit/s ADPCM 输出信号。这路信号同时送给量化比例因子自适应单元和自适应速度控制单元；另一路输出信号 [即 $\log_2|d_q(k)|-Y(k)$] 送给逆向自适应量化单元。

（4）逆向自适应量化单元。从输入信号 $(\log_2|d_q(k)|-Y(k))$ 减去比例因子 $Y(k)$ 并取反对数，求得差值信号 $d(k)$ 的量化变量 $d_q(k)$。

表 9-1　　　　　　　　　　　自适应量化单元归一化输入/输出特性

归一化量化单元输入范围 $\log_2|d(k)|-Y(k)$	$|I(k)|$	归一化量化单元输出 $\log_2|d_q(k)|-Y(k)$
$[3.12, +\infty]$	7	3.32
$[2.72, 3.12]$	6	2.91
$[2.34, 2.72]$	5	2.52
$[1.91, 2.34]$	4	2.13
$[1.38, 1.91]$	3	1.66
$[0.62, 1.38]$	2	1.05
$[-0.98, 0.62]$	1	0.031
$(-\infty, -0.98)$	0	$-\infty$

（5）量化比例因子适配单元：本单元的任务是计算自适应量化单元和逆向自适应量化单元要用的比例因子 $Y(k)$。本单元有两路输入信号，其一是自适应量化单元的四比特输出量 $I(k)$；另一个是自适应速度控制参量 $\alpha_l(k)$。量化比例因子适配采用两种适配模式；对于产生较大起伏差值信号的信号（例如话音信号），取快速比例因子；对于产生较小起伏差值信号的信号（例如话带数据和单音），取慢速比例因子。自适应速度受快速比例因子 $[Y_u(k)]$ 和慢速比例因子 $[Y_l(k)]$ 共同控制。由对数比例因子 $Y(k)$，通过以 2 为底的对数域递归计算求得（非固定）快速比例因子 $Y_u(k)$：

$$Y_u(k) = (1-2^{-5})Y(k)+2^{-5}W[I(k)] \tag{2}$$

其中，$1.06 \leqslant Y_u(k) \leqslant 10.00$；不连续函数 $W(I)$ 的定义（精确值）见表 9-2。乘子 $(1-2^{-5})$ 会给适配过程引入有限的记忆，因而编码器和解码器会收敛传输误码。

快速比例因子 $Y_u(k)$ 经低通滤波，就可得到慢速（固定）比例因子 $Y_l(k)$：

$$Y_l(k)=(1-2^{-6})Y_l(k-1)+2^{-6}Y_u(k) \tag{3}$$

表 9-2 $W(I)$定义数值

$\lvert I(k)\rvert$	7	6	5	4	3	2	1	0
$W(I)$	70.13	22.19	12.38	7.00	4.00	2.56	1.13	−0.75

表 9-3 $F[I(k)]$数值

$\lvert I(k)\rvert$	7	6	5	4	3	2	1	0
$F[I(k)]$	7	3	1	1	1	0	0	0

最后，由快速比例因子及慢速比例因子求得比例因子 $Y(k)$：

$$Y(k)=a_l(k)Y_u(k-1)+[1-a_l(k)]Y_l(k-1) \tag{4}$$

其中，自适应速度控制参数 $a_l(k)$ 取值域：$0\leqslant a_l(k)\leqslant 1$（参见下节）。

（6）自适应速度控制单元：假定自适应速度控制参数；$a_l(k)$ 在 $[0，1]$ 内取值（对于话音信号，取值接近 1；对于话带数据信号和单音，取值接近 0），那么就可以由差信号的变化速率的大小来导出 $a_l(k)$。

计算 $I(k)$ 的平均值的两种算法如下：

$$d_{ms}(k)=(1-2^{-5})d_{ms}(k-1)+2^{-5}F[I(k)] \tag{5}$$

$$d_{ml}(k)=(1-2^{-7})d_{ml}(k-1)+2^{-7}F[I(k)] \tag{6}$$

其中，按表 9-3 来确定 $F[I(k)]$ 值。$d_{ms}(k)$ 是 $F[I(k)]$ 的相对短期均值；$d_{ml}(k)$ 是 $F[I(k)]$ 的相对长期均值。用这两个平均值即可确定变量 $a_p(k)$：

$$a_p(k)=\begin{cases}(1-2^{-4})a_p(k-1)+2^{-3}, & \lvert d_{ms}(k)-d_{ml}(k)\rvert\geqslant 2^{-3}d_{ml}(k) \\ (1-2^{-4})a_p(k-1)+2^{-3}, & Y(k)<3 \\ (1-2^{-4})a_p(k-1)+2^{-3}, & t_d(k)=1 \\ 1, & t_r(k)=1 \\ (1-2^{-4})a_p(k-1), & \text{其余}\end{cases} \tag{7}$$

因此，如果 $d_{ms}(k)$ 与 $d_{ml}(k)$ 差值较大，$a_p(k)$ 值接近 2（$I(k)$ 的平均值变化）；如果差值较小，$a_p(k)$ 值接近 0（$I(k)$ 的平均值相对固定）；对于空闲通路（用 $y(k)<3$ 表示）或者第（8）节中介绍的用 $t_d(t)=1$ 表示的局部频带信号，$a_p(k)$ 值也接近 2。注意，当发现局部频带信号跃变（如第（8）节中介绍的 $t_r(k)=1$ 情况），就把 $a_p(k)$ 置 1。$a_p(k-1)$ 就决定了在公式（4）中引用的控制参数 $a_l(k)$：

$$a_l(k)=\begin{cases}1, & a_p(k-1)>1 \\ a_p(k-1), & a_p(k-1)\leqslant 1\end{cases} \tag{8}$$

这种不对称的限制，对从快速状态过渡到慢速状态有时延效应。这种效应

一直持续到 $I(k)$ 的绝对值在一段时间内保持不变为止。这样就消除了诸如切换载波话带数这类信号的提前跃变。

（7）自适应预测单元和重建信号计算单元：自适应预测单元的主要功能是根据量化差值信号 $d_q(k)$ 来计算信号估值 $s_e(k)$。根据输入信号情况，可以采用两种自适应预测结构：一种是零点模式的六阶节；另一种是极点模式的二阶节。这类双重自适应预测结构，能够充分满足可能遇到的各种输入信号要求。

估值信号计算如下：

$$s_e(k)=\sum_{i=1}^{2} a_i(k-1)s_r(k-i)+s_{ez}(k) \tag{9}$$

其中，

$$s_{ez}(k)=\sum_{i=1}^{6} b_i(k-1)d_q(k-i)$$

重建信号 $s_r(k-i)$ 计算如下：

$$s_r(k-i)=s_e(k-i)+d_q(k-i)$$

对于二阶预测节来说，可以采用一种简化梯度算法来修正两个预测系数：

$$a_1(k) = (1-2^{-8})a_1(k-1)+(3\times 2^{-6})\mathrm{sgn}\big[p(k)\big]\bullet\mathrm{sgn}\big[p(k-1)\big] \tag{10}$$

$$a_2(k) = (1-2^{-7})a_2(k-1)+2^{-7}\{\mathrm{n}\big[p(k)\big]\bullet\mathrm{sgn}\big[p(k-1)\big] \\ -f\big[a_1(k-1)\big]\mathrm{sgn}\big[p(k)\big]\bullet sgn\big[p(k-1)\big]\} \tag{11}$$

其中，$p(k)=d_q(k)+s_{ex}(k)$，

$$f(a_1)=\begin{cases} 4a_1 & ,\ [a_1]\leqslant 2^{-1} \\ 2\mathrm{sgn}[a_1], & [a_1]> 2^{-1} \end{cases}$$

除了规定 $p(k-i)=0$ 和 $i=0$ 时，$\mathrm{sgn}[p(k-i)]=0$ 之外，
$\mathrm{sgn}[0]=1$。受稳定性约束：

$$|a_2(k)|\leqslant 0.75$$
$$|a_1(k)|\leqslant 1-2^{-4}-a_2(k)$$

参见第（8）节，如果 $t_r(k)=1$，则 $a_1(k)=a_2(k)=0$。

对于六阶预测节来说，

$$b_i(k)=(1-2^{-8})b_i(k-1)+2^{-7}\mathrm{sgn}[d_q(k)]\mathrm{sgn}[d_q(k-1)], \tag{12}$$
$$i=1, 2, 3, 4, 5, 6$$

参见第（8）节，如果 $t_r(k)=1$，则 $b_1(k)=b_2(k)=\cdots=b_6(k)=0$。综上所述，除了规定在 $d_q(k-i)=0$ 和 $i=0$ 时，$\mathrm{sgn}[d_q(k-i)]=0$ 之外，$\mathrm{sgn}[0]=1$。注意，$|b_i(k)|\leqslant 2$。

（8）单音及跃变检测单元：为了防止由 FSK 数传机以特定方式工作时引起信号振铃，规定了一种两步检测方法。第一步，采用局部频带信号（如单音）检测。这样，自适应量化单元就可以采取快速自适应模式：

$$t_d(k)=\begin{cases}1, & a_2(k)<-0.71875\\ 0, & \text{其余,}\end{cases} \tag{13}$$

第二步，规定局部频带信号引起的跃变。这时就可以把预测系数置零，并且强制自适应量化单元以快速自适应模式工作：

$$t_r(t)=\begin{cases}1, & a_2(k)<-0.71875\text{以及}|d_q(k)|>24\times 2^{yl(k)}\\ 0, & \text{其余}\end{cases} \tag{14}$$

图 9-7 给出了 ADPCM 解码方框图，即从 ADPCM 到 PCM 的码变换原理图。图中各部分功能及相应算法说明如下。为了叙述方便，图 9-7 和图 9-6 中的功能单元统一编排序号。

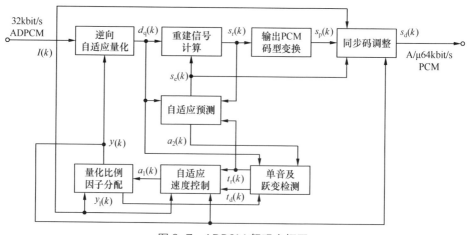

图 9-7　ADPCM 解码方框图

（9）逆向自适应量化单元：与第（4）节介绍的功能相同。即根据输入 32kbit/s ADPCM 信号 $I(k)$ 和比例因子 $y(k)$，求得差值信号的量化变量 $d_q(k)$。

（10）量化比例因子适配单元：功能与第（5）节相同。即根据 ADPCM 信号 $I(k)$ 和自适应速度控制参数 $a_1(k)$，按公式（2）、（3）和（4），求得比例因子 $y(k)$ 和慢速比例因子 $y_l(t)$。

（11）自适应速度控制单元：功能与第（6）节相同。即根据输入 ADPCM 信号 $I(k)$、比例因子 $y(k)$、自适应系数 $t_d(k)$ 和 $t_r(t)$，按公式（5）、（6）、（7）和（8），求得自适应速度控制参数 $a_1(k)$。

（12）自适应预测和重建信号计算单元：功能与第（7）节介绍的相同。

重建信号计算单元把估值信号 $s_e(k)$ 与量化变量 $d_q(k)$ 相减，求得重建信号 $s_r(k)$；自适应预测单元，根据差值信号量化变量 $d_q(k)$、重建信号 $s_r(k)$ 及自适应系数 $t_r(k)$，按公式（9）、（10）（11）和（12），求得估值信号 $s_e(k)$ 和预测系数 $a_2(k)$。

（13）单音及跃变检测单元：功能与第（8）节介绍的相同。根据预测系数 $a_2(k)$、量化变量 $d_q(k)$ 及慢速比例因子 $y_l(k)$，按公式（13）和（14），求得自适应系数 $t_d(k)$ 和 $t_r(k)$。

（14）输出 PCM 码型变换单元：根据需要，把重建的统一码型的 PCM 信号 $s_r(k)$ 变成 A 律或 μ 律 PCM 信号 $s_p(k)$。

（15）同步码调整单元：当 32kbit/s ADPCM 信号和中间的 64kbit/s PCM 信号的传输过程未引入误码，并且全部码流也未受数字信号处理设备扰乱时，同步码调整单元能够防止（ADPCM-PCM-ADPCM 等数字连接的）同步串联码出现失真积累。这种功能是在第一次把 A 律或 μ 律 PCM 信号 $s_p(k)$ 变成统一的 PCM 信号 $s_{lx}(k)$ 过程中完成的。把 $s_p(k)$ 变成 $s_{lx}(k)$ 之后，要计算差值信号 $d_x(k)$：

$$d_x(k) = s_{lx}(k) - s_e(k) \tag{15}$$

然后把差值信号 $d_x(k)$ 与由 $I(k)$ 和 $y(k)$ 所决定的 ADPCM 量化判决间隔做比较。最后就可以按下列公式来确定 $s_d(t)$ 信号：

$$s_d(k) = \begin{cases} s_p^+(k), & d_x(k) < \text{间隔下限} \\ s_p^-(k), & d_x(k) \geqslant \text{间隔上限} \\ s_p(k), & \text{上下限之间} \end{cases} \tag{16}$$

其中，

$s_d(k)$ 为解码器输出的 PCM 码字；

$s_p^+(k)$ 表示比较靠近正 PCM 输出电平的 PCM 码字（当 $s_p(k)$ 代表最正输出电平时，$s_p^+(k)$ 就取 $s_p(k)$ 数值）；

$s_p^-(k)$ 表示比较靠近负 PCM 输出电平的 PCM 码字（当 $s_p(k)$ 代表最负输出电平时，$s_p^-(k)$ 就取 $s_p(k)$ 数值）。

3. 60 路码变换器的特性

图 9-8 给出了 60 路码变换器简图。这种 60 路码变换器能完成两条 30 路 2048kbit/s PCM 码流与一条 60 路 2048kbit/s ADPCM 码流之间的变换。在 30 路 2048kbit/s 码流中，电话信号采用 CCITT 建议 G.711 规范的 64kbit/s A 律 PCM

编码；在 60 路 2048kbit/s 码流中，电话信号采用建议 G.721 规范的 32kbit/s ADPCM 编码。如图 9-8 所示，这种 60 路码变换器有 3 种不同信号端口，即 A、B 和 C 端口。下面分别介绍各种端口上的特性。

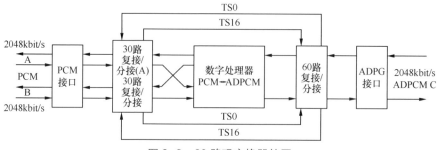

图 9-8　60 路码变换器简图

（1）端口 C 的电气特性：符合建议 G.703。

（2）端口 C 的码流帧结构：符合建议 G.704。2048kbit/s 的 ADPCM 帧结构与 2048kbit/s 的 PCM 帧结构相同。帧长为 256 位时隙。其中，0 时隙用于传帧定位及其他勤务信号；16 时隙用于传信令；其余时隙传信码，按时隙编号顺序传送。

32kbit/s ADPCM 信码安排见表 9-4。

表 9-4　　　　　　　　　　　　　　　ADPCM 信码安排

8bit 时隙编号	0	1	2	3	4	5	6	7	8	9	10	11	12	13	14
1～4bit 时隙		1 A	1 B	3 A	3 B	5 A	5 B	7 A	7 B	9 A	9 B	11 A	11 B	13 A	13 B
5～8bit 时隙		2 A	2 B	4 A	4 B	6 A	6 B	8 A	8 B	10 A	10 B	12 A	12 B	14 A	14 B

15	16	17	18	19	20	21	22	23	24	25	26	27	28	29	30	31
15A		15 B	17 A	17 B	19 A	19 B	21 A	21 B	23 A	23 B	25 A	25 B	27 A	27 B	29 A	29 B
16A		16 B	18 A	18 B	20 A	20 B	22 A	22 B	24 A	24 B	26 A	26 B	28 A	28 B	30 A	30 B

0 时隙分配：符合建议 G.704 规定。具体安排见表 9-5。

表 9-5　　　　　　　　　　　　　　　ADPCM 帧 0 时隙分配

时隙编号		1	2	3	4	5	6	7	8
含帧定位帧	国际备用		0	0	1	1	0	1	1
不含帧定位帧	国际备用		1	码流 C 告警		备用		码流 A/B 告警	

16 时隙分配：

用于传电话信号时，与上述信码时隙分配相同，字长也是 4bit。即前 4bit

送一路，后 4bit 送另一路电话信号。

用于传共路信令时，与传 PCM 信号时相同。

用于传随路信令时，由 16 个帧构成 个复帧，编号为 0～15，具体分配见表 9-6。

表 9-6　　　　　　　　　　　　ADPCM 帧 16 时隙分配

时隙 16 比特编号　　　帧编号	1	2	3	4	5	6	7	8
0	0	0	0	0	X_5	X_6	X_7	X_8
1	1 A		2 A		15 B		16 B	
2	1 B		2 B		17 A		18 A	
3	3 A		4 A		17 B		18 B	
4	3 B		4 B		19 A		20 A	
5	5 A		6 A		19 B		20 B	
6	5 B		6 B		21 A		22 A	
7	7 A		8 A		21 B		22 B	
8	7 B		8 B		23 A		24 A	
9	9 A		10 A		23 B		24 B	
10	9 B		10 B		25 A		26 A	
11	11 A		12 A		25 B		26 B	
12	11 B		12 B		27 A		28 A	
13	13 A		14 A		27 B		28 B	
14	13 B		14 B		29 A		30 A	
15	15 A		16 A		29 B		30 B	

0 帧 16 时隙中的第 1～4 位时隙作为复帧定位信号 0 0 0 0 用；第 5 和第 8 时隙用于传 PCM 码流 A 和 B 的告警指示信号（AIS）；第 6 和第 7 时隙用于传 PCM 码流 A 和 B 的远端告警指示信号。

（3）端口 C 码流帧定位

基本帧失位和帧复位的规定与 2048kbit/s PCM 帧相同，即符合建议 G.735 规定。

复帧帧失位与帧复位的规定如下：当接收到的两个连续复帧定位信号有错误时，就认为发生了复帧失位；在一个 16 时隙的开头 4bit 中检测到一个全 "0" 4bit 字，并且在一个复帧周期之后还发现一个全 "0" 4bit 字，就认为复帧定位已经恢复。

（4）在码流 C 中传送的告警指示信号（AIS）

码流 C 的 AIS 表示在发送侧已经检测到一种为 60 路所共有的故障。以码流 C 中全"1"码型来传递码流 C 的 AIS。

码流 A（或 B）的 AIS 表示在发送侧已经检测到一种为码流 A（或 B）的 30 路所共有的故障。

发送端相应措施：当同时出现 A 码流的 AIS 和 B 码流的 AIS 时，就要发送 C 码流的 AIS；当只出现 A（或 B）码流的 AIS，而未出现 B（或 A）码流的 AIS 时，则应当照常传送与 B（或 A）码流有关的信息比特和信令比特，而在码流 C 中与码流 A（或 B）有关的时隙中以及 16 时隙中的相关比特要发送全 1 码型。同时，码流 C 中，不含帧定位信号的 0 时隙的第 7 比特位（或第 8 比特位）发送规定码型，以表示"码流 A（或 B）的 AIS"（见表 9-7）。

表 9-7　　　码流 C 中不含帧定位信号的 0 时隙第 7 和第 8bit 的使用规定

比特编号	7	8	说　　明
状　　态	1	0	码流 A 的 AIS
	0	1	码流 B 的 AIS
	0	0	正常
	1	1	

接收端相应措施：如果比特位 7（或 8）连续 3 次检测到"1"状态，就认为出现了码流 A 的 AIS；如果比特 7（或 8）连续 3 次检测到"0"状态，就认为码流 A 的 AIS 已经停止了。

码流 A（或 B）的远端告警—码流 A（或 B）的远端告警表示已经检测到反方向上的 A（或 B）码流 30 路所共有的故障。利用码流 C 中不含帧定位信号的 0 时隙第 3（或 4）比特置"1"来传送与码流 A（或 B）有关的远端告警指示信号；利用比特 3 和比特 4 同时出现"1"状态来表示码流 C 的远端告警。

表 9-8　　　码流 C 中不含帧定位信号的 0 时隙第 3bit 和第 4bit 的使用规定

比特编号	3	4	说　　明
状态	1	0	反向码流 A 的远端告警
	0	1	反向码流 B 的远端告警
	0	0	正常
	1	1	反向码流 C 的远端告警

码流 C 的 16 时隙中的 AIS——表示发送侧已经检测到一种与码流 C 全部 60 路都有关系的为信令信息所共有的故障状态。利用 16 时隙全 "1" 码型来传递这种 AIS。

码流 A（或 B）16 时隙中的 AIS——表示在发送侧已经检测到一种为码流 A（或 B）30 路信令信息所共有的故障。这时，与码流 A（或 B）相关的码流 C 的 16 时隙的信令比特要传全 "1" 码型。同时，第 0 帧 16 时隙的第 5（或 8）比特应置为 "1"，以表示 "码流 A（或 B）16 时隙中的 AIS"。

码流 A（或 B）16 时隙中的远端告警——表示在传输的反方向上已经检测到码流 A（或 B）发生了复帧失位。这时，码流 C 的第 0 帧第 16 时隙的第 6（或 7）比特要置 "1"，以传送这种与码流 A（或 B）相关的远端告警指示。

（5）A 与 B 接口特性

2048kbit/s PCM 码流 A 和码流 B 的特性与通用基群的特性完全一致，即电气接口特性要符合建议 G.703；帧结构及复帧结构符合建议 G.704。

（6）不含帧定位信号的 0 时隙中各比特的透明传输

码变换器能够提供下列可供选择的两种传输功能：（a）在码流 C 中，能够分别利用不含帧定位信号的 0 时隙的第 5 或第 6 比特来透明传送码流 A 和码流 B 的不含帧定位信号的 0 时隙中的第 4 比特；（b）相应地分别用码流 C 的第 5 比特能够传送码流 A 和 B 的第 5 比特。

（7）绝对时延

一对互联的码变换器（即从 PCM 到 PCM）所引入的总绝对时延，对于任何 32kbit/s 通路和任何透明传输的 64kbit/s 通路而言，都应小于 500μs；关于信令通路，由一对互联的码变换器（即由 PCM 到 PCM）所引入的总时延，对于任何信令通路都要小于 3ms。

（8）同步

这种码变换器能够加入准同步网或同步网工作。在发送侧 A 和 B 端口应提供基本帧和复帧再同步设备。这种再同步设备能产生受控采样滑动。发送端能够与下列定时信号同步：输入 PCM 码流 A 或 B 的定时信号、输入码流 C 的定时信号、外接 2048kHz 定时信号。发生同步故障时，应当产生立即维护告警信号。接收侧受输入码流 C 的定时信号同步。

（9）工作监视

因为从 PCM 到 ADPCM 或者从 ADPCM 到 PCM 的处理功能是复用的，所以有必要在工作进行之间来监视这些处理功能。由于在 0 时隙期间是进行个别处理，那么就可以通过往 PCMA 和 B 通路的 0 时隙附加通路中插进测试信号，来实现这种监视。

（10）单路 PCM 码流 A 或 B 的保护

当已经发现码变换器数字处理部分或电源部分发生了故障，可以采取自动方式或其他方式来保护一条 PCM 支路。这时可以把两个传输方向上的 PCM 码流 A 或 B 与码变换器断开，并与传输线路直接连上，以替代通常的 C 码流信号。这样就可以在码变换器出现故障时，仍能保障一条 2048kbit/s PCM 码流正常传输。利用码流 C 中的不含帧定位信号的 0 时隙的第 7 和第 8 比特同时置状态 1 来表示处于下游的远端码变换器已经执行了上述保护切换。

9.2 A/μ PCM 码变换

1. 问题提出

目前国际上并存两种 64kbit/s PCM 编码，即 A 律 PCM 和μ律 PCM 两种码型。一些国家或主管部门采用 A 律压扩 PCM 编码，即利用具有良好的比特序列独立性的码型，来设计他们的数字网；而另一些国家或主管部门采用μ律压扩 PCM 编码，即利用具有最小脉冲密度要求的码型来设计他们的数字网。现在取消任何一种码型在经济上都是不容许的。因此必须设法解决采用两类编码的数字网之间的互通问题，或者说要解决 A/μ变换问题。

2. 变换要求

在考虑解决 A/μ PCM 变换问题的具体方案之前要说明以下具体要求：

（1）A 律或μ律压扩问题是在话音信号编解码过程中引入的问题，因此只有传输话音信号时，才存在 A/μ变换问题。就是说，在传输其他数字数据信号时并不存在 A/μ变换问题。

（2）建议 G.711 已经规定，A/μ变换应在采用μ律的国家或地区进行，这就是说 A/μ变换设备要设在μ律数字网一侧；但是 A/μ变换操作需要双方配合，而且中间还要增设一些其他设备，例如下面要具体介绍的复用系统转换（MSC）设备。为此 CCITT 也做出了相应规定：MSC 要与 A 律网或μ律网的门局设备放在一起；

（3）在这种变换之中，应满足μ律码流的最小脉冲密度要求。即要求在 64kbit/s 数字流的任何 8bit 字中至少要有一个二进制 1；对于不存在 8bit 字结构的 64kbit/s 码流中连 "0" 数不得超过 7 个。

3. 变换方案

图 9-9 给出了一种 A/μ PCM 变换方案。具体说明如下。

（1）A/μ 变换的基本依据是建议 G.711 规定的编码规律。

表 9-9 给出了这两种码之间的对应关系。

表 9-9　　　　　　　　μ/A PCM 编码对应关系

μ 律 PCM (判决值)字符信号	A 律 PCM (判决值)字符信号 (经偶数比特反转)	A 律 PCM 经 J 操作 产生的字符信号
(−127) 0 0 0 0 0 0 0 0 ⇄	(−128) 0 0 1 0 1 0 1 0 ⇄	0 0 0 0 0 0 0 0
(−126) 0 0 0 0 0 0 0 1 ⇄	(−127) 0 0 1 0 1 0 1 1 ⇄	0 0 0 0 0 0 0 1
⋮	⋮	⋮
(−85) 0 0 1 0 1 0 1 0 ⇄	(−86) 0 0 0 0 0 0 0 0 ⇄	0 0 1 0 1 0 1 0
(−84) 0 0 1 0 1 0 1 1 ⇄	(−85) 0 0 0 0 0 0 0 1 ⇄	0 0 1 0 1 0 1 1
⋮	⋮	⋮
(−3) 0 1 1 1 1 1 0 0 ⇄	(−2) 0 1 0 1 0 1 0 0 ⇄	0 1 1 1 1 1 1 0
(−2) 0 1 1 1 1 1 0 1		
(−1) 0 1 1 1 1 1 1 0		
(0) 0 1 1 1 1 1 1 1 ⇄	(−1) 0 1 0 1 0 1 0 1 ⇄	0 1 1 1 1 1 1 1

（2）话音信号互通

如果在 μ 律数字网中，在 1544kbit/s 传输链路内已经不存在全 "0" 字，那么这种 μ/A 变换就不存在特殊问题。

参见图 9-9。话音信号互通时，系统处于 PQ 连接状态。μ/A 流向话音信号要经过回波抑制（ES）、μ/A 变换、字节 3、5、7 比特反转（J 操作）、1544kbit/s 复接、传输和分接、J 操作、2048kbit/s 复接、传输和分接以及回波抑制等十一个环节。其中两次 J 操作相互抵消、复接与分接抵消、传输与回波抑制不起逻辑作用。因此，μ/A 流向话音数字信号在逻辑上只起 μ/A 变换作用。同理，A/μ 流向话音信号，除了经过 A/μ 逻辑变换之外，还要进行连零替代（Z 操作）：用 0 0 0 0 0 0 0 1 替代 0 0 0 0 0 0 0 0。

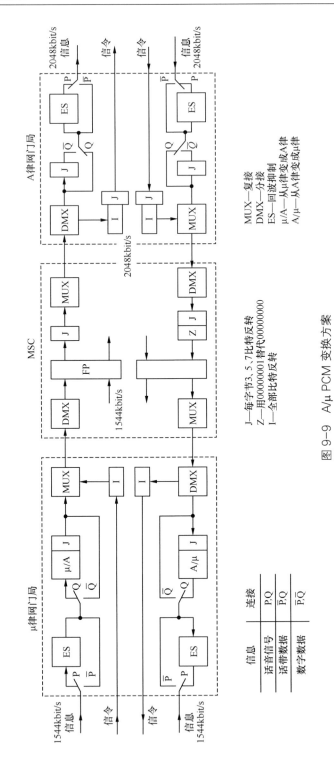

图 9-9 A/μ PCM 变换方案

如果仔细分析就可以看出，这种 A/μ 变换要给信号引入失真。例如，A 律话音信号码字 0 0 1 0 1 0 1 0，在 A 律网中解码输出值为 A 律 −128。在 MSC 系统中经 J 操作和 Z 操作变为 0 0 0 0 0 0 0 1。在 μ 律网门局内，经 J 操作变为 0 0 1 0 1 0 1 1，经 A/μ 变换成为 μ 律话音信号码字 0 0 0 0 0 0 0 1，在 μ 律网中解码输出值为 μ 律 −126。但是，A/μ 变换对应表中规定的判决值，A 律 −128 是对应 μ 律的 −127。可见，上述变换给信号引入了失真。但是，这种失真在 μ 律网中并不是新问题。因为在 μ 律网里的 1544kbit/s 传输系统中不允许有八连零码字，本来就规定用 0 0 0 0 0 0 0 1 替代 0 0 0 0 0 0 0 0，而且这种替代所引入的失真是在规定性能之内的。

（3）话带数据互通

参见图 9-9。话带数据互通时，系统处于 $\overline{P}Q$ 连接状态。$\overline{P}Q$ 连接状态与 PQ 连接状态的差异仅仅在于，这时不要串接回波抑制器。除此之外，话带数据互通变换与话音信号互通变换是一样的。

（4）数字数据互通

参见图 9-9。数字数据互通时，系统处于 $\overline{P}Q$ 连接状态。这时，不但不要串接回波抑制器，也不要串接 μ/A 变换单元。μ/A 向数字数据流动，等效观之是逻辑直通的；A/μ 流向数字数据只进行 Z 逻辑操作。

（5）信令互通

参见图 9-9。在本系统中，信令变换通路是固定不变的。在传输 CCITT No.7 共路信令时，为了避免出现长连零串，要在各个门局中先把信令数据比特反转（I 操作），然后在 1544kbit/s 传输系统、MSC 系统和 2048kbit/s 传输系统中传输，到达目的地再反转回来（第二次 I 操作）。两次 I 操作在逻辑上抵消。可见，μ/A 向信令流动等效观之是直通；A/μ 流向信令要进行 Z 逻辑操作。

（6）根据设计要求，MSC 设备是接在两个门局之间。两个门局和一个 MSC 设备共同完成 A/μ 变换功能。对于不同电信业务的识别以及相应的连接控制，都是由交换门局来完成的。其中 MSC 设备固定不变，接在 1544kbit/s μ 律 PCM 传输系统与 2048kbit/s A 律传输系统之间。这样配置既简化变换设备，也有利于实际应用。

图 9-10 给出一种 MSC 系统的改进方案。与原方案相比，逻辑变换基本上是一样的，其中 J′ 操作可以与 J 操作相同，即每个字的 3、5、7 比特倒置，也可以把全部奇数位倒置。改进之处主要有两点：其一，全部数据（话带数据、数字数据及信令）都采取同样的变换操作；其二，把各种变换操作分到不同部分去执行。MSC 变换操作不变；大部分变换操作放到用户；μ 律门局变换操作略有简化；A 律门局不做任何变换操作。整个变换系统操作控制明显简化。

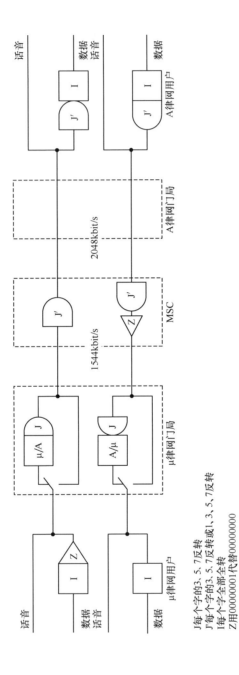

图 9-10 MSC 系统改进方案

J 每个字的 3、5、7 反转
J' 每个字的 3、5、7 反转或 1、3、5、7 反转
I 每个字全部全转
Z 用 00000001 代替 00000000

4. 典型应用

典型应用之一就是在 1544kbit/s 与 2048kbit/s 之间，实现μ律网与 A 律网之间的互通。图 9-9 和图 9-10 就是这种典型应用的示意图。

典型应用之二是在高次群上实现μ律网与 A 律网互通。图 9-11 给出了一个例子，μ律网与 A 律网在 139 264kbit/s 接口上互通。这时要用到两种专用复接器：M1A3μ是把 3 个 A 律基群（2048kbit/s）复接到μ律三次群（44 736kbit/s）；M3μ4A 是 3 个μ律三次群复接到 A 律四次群（139 264kbit/s）。在μ网的交换局内，通过 MSC 和 M1A3μ，把 1544kbit/s 码流复接到 44 736kbit/s；然后，44 736kbit/s 码流在μ网干线中传输；在μ网/A 网接口处，通过 M3μ4A 复接到 139 264kbit/s；在 139 264kbit/s 速率上接口。在 A 网内变换可以采用两种方案。其一，139 264kbit/s 码在 A 网高速干线中传输；到 A 网交换局，经 M3μ4A 和 M1A3μ分接，得到 2048kbit/s 码流；其二，首先在接口处就经 M3μ4A 和 M1A3μ分接得到 2048kbit/s 码流，然后再经 A 网低速干线传输，最终把 2048kbit/s 码流送到目的地。

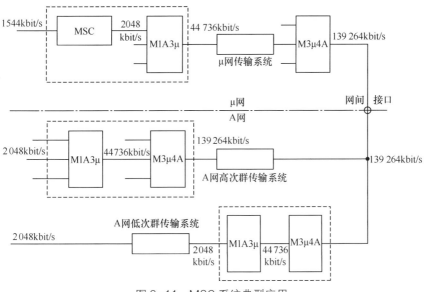

图 9-11　MSC 系统典型应用

第10章 接口码型变换

10.1 接口码型变换问题

数字信号在通过整个数字连接过程中，要经历多种多次码型变换。其中经历的码型可以归纳为两类：在数字设备内部用的二进制码型和数字设备之间用的传输码型。

在各种数字设备内部，例如，用户终端设备、数字交换机、数字复接和各种数字传输终端内部，一般都采用100%占空的二电平码型，即标准二进制信号码型。采用这种码型就可以与计算机技术一样利用数字器件和数字信号处理技术。在各种数字设备之间，一般都要选择合适的传输码型，以便把各种数字设备有效地连接起来。这种有效地连接对于远程连接和近程连接有不同的含义：对于远程连接来说利用效率是主要指标；对于近程连接来说设备简单是主要的。由于这类连接大量重复运用，无论远程传输还是近程传输都希望能使用比较便宜的传输介质，因此，对于传输码型有共同的要求。依应用的传输距离不同又有不同的要求。

既然在数字设备内部用标准二进制码型，在数字设备之间用各种特定的传输码型，那么，在数字设备进口和出口处，就存在接口码型变换问题，即二进制码型与各种传输码型之间的码型变换问题。

由于这类接口在数字网中普遍存在，并且对整个数字连接的复杂程度和技术性能具有广泛影响，因此CCITT对接口问题十分关注。早在1972年CCITT就提出了有关接口的国际建议，这就是建议G.703接口概貌。该建议几经修改，已经相当完善。其中对标准接口及传输码型做了详尽规定，本章将概要介绍这些内容。

10.2 对传输码型的要求

（1）信息传输效率：要求平均每一个码元所承载的信息量比较高些。例如，传输码采用多电平（m）码，信息量（I）用等效二进制符号（比特）表示，则存在关系式：$I = \log_2 m$（比特）。可见，四电平传输码比二电平传输码的传输效率高一倍。

（2）通带限制：在 PCM 基带传输系统中，通常用实线实施远程供电，因此再生中继器与线路之间采取交流耦合接续方式。这时要求传输码型不存在直流成分，并且希望低频成分尽可能低，以减小低频截止失真。另一方面，受近程传输介质性能限制，或者为了有效地利用传输介质，要求对传输码型高频成分予以限制。

（3）定时提取：在低速近程数字传输中，通常用两对线并行传送话音信号和定时信号，这样做可以节省终端电路；在略远距离传输时，传输系统造价远高于终端电路价格，这种信码与定时并行传输方案不再可取，转而采用信码与定时合并传输方案。这时在接收端要首先从接收信号提取定时信号。因此，这时采用的传输码型设计就要充分考虑到是否能保证获得质量较好的定时信号。显然，这种传输码型设计的首要前提是要保证在传输码频谱中有足够的定时信号成分。其中一个具体要求是要有足够的"1"码密度，或者要尽量避免出现过长的连"0"。

（4）抗传输损伤能力：出于传输系统定时提取电路机理要求，尽可能改善传输码型的随机性，以便降低抖动损伤；在确定接收信噪比条件下，要尽可能减小传输码的电平数，以便降低误码损伤；应合理选择码型以降低误码扩散。

（5）传输特性监视：要求传输码型设计，能够提供便于监视传输性能的条件，例如误码监视。

（6）码型变换电路：要求码型变换规则简单，以便简化码型变换电路。

综合上述各项要求可以看出，有的要求是硬性的，有的则是软性的；有些要求是彼此一致的，有些则是彼此矛盾的。其中，直流抑制和连 0 抑制两项，既是硬性要求也是彼此一致的要求。直流抑制既可节省频带，又可以简化设备；连 0 抑制既可以改善定时提取，又可以改善抗传输损伤能力。传输效率与抗干扰能力既是彼此矛盾的又同是软性要求。故在目前技术水平上，诸要求尚不能兼顾，因而现实方案只能是在保证主要要求的前提下，折中选择。

10.3　优选传输码型

目前已经设计出的传输码型，大体上可以分为以减小低频截止失真为目的的直流抑制码、以减小连"0"引起的定时信息损失为目的的连"0"抑制码、以改善传输线路利用率为目的频带压缩码型以及其他码型。下面对几种优选码型做简要介绍。

（1）AMI 传输码

全名是传号交替反转（Alternate Mark Inversion）码，通常也简称为双极性码。这是一种最基本而又最简单的直流成分抑制码。图 10-1 给出了编码变换示例，其中（a）是 100%占空 AMI 码；（b）是 50%占空 AMI 码。这种码型具有 3 种电平，但信息量仍与二电平码相同，故信息利用率为 $\log_2 2/\log_2 3 = 63.2\%$，所以又把这种码型称为准三值码。从图中可以看出，这种码型变换原则非常简单，就是传号交替反转，因而这种码可以消除直流成分。变换设备也相当简单，但是不能限制连"0"个数。

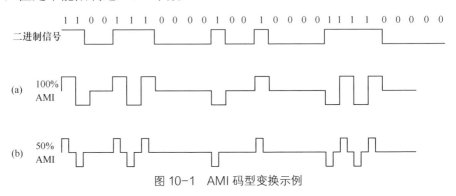

图 10-1 AMI 码型变换示例

（2）HDB$_3$ 传输码

全名是高密度双极性码（High Density Bipolar Code）。这是一种连"0"抑制码，并兼有抑制直流频谱成分的功能。HDB$_3$ 码的变换规则定义如下（参见图 10-2）。

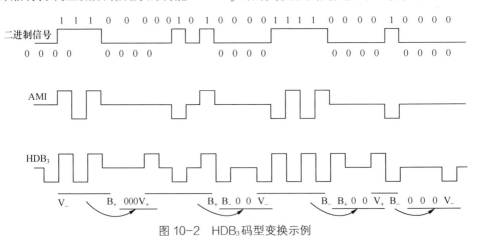

图 10-2 HDB$_3$ 码型变换示例

① HDB$_3$ 是一种伪三电平码，3 种电平分别用 B$_+$、B$_-$ 和 0 表示；

② 二进制信号中的"0"，在 HDB$_3$ 中仍编为"0"，但是四连"0"要用

特殊规则（d）；

③　二进制信号中的"1"，在 HDB₃ 中要交替编为 B₊和 B₋，即传号交替反转；在编四连"0"时要引入传号交替反转规则的破坏点（见④）；

④　二进制信号中的四连"0"，要按下列规则编码：

四连"0"的第一个"0"：如果 HDB₃ 信号四连"0"前一个传号的极性与其前一个破坏点的极性相反而本身又不是破坏点，则四连"0"的第一个"0"要编成"0"；如果 HDB₃ 信号四连"0"前一个信号的极性与其前一个破坏点的极性相同，或者本身就是破坏点，则四连"0"的第一个"0"要编成 B₊或 B₋。这一规则保证了在破坏点之后要交替极性，因而不会引入直流成分；四连"0"的第二和第三个"0"总是编成"0"；四连"0"的最后一个"0"总是 B₊或 B₋，其极性要破坏传号交替反转规则。这种破坏点可按其极性用 V₊或 V₋表示。上述编码规则归纳如下：

HDB₃ 码中		对应二进制码中连"0"的 HDB₃ 码			
前一个破坏点极性	连"0"前面传号极性	0	0	0	0
V₋	B₊	0	0	0	V₊
V₊	B₋	0	0	0	V₋
V₋	B₋	B₊	0	0	V₊
V₊	B₊	B₋	0	0	V₋

（3）B6ZS 传输码

全名是六"0"替代双极性码（Bipolar with 6 Zero substitution Code）。这也是一种连"0"抑制码，也兼有直流抑制功能。B6ZS 码的变换规则定义如下（参见图 10-3）：

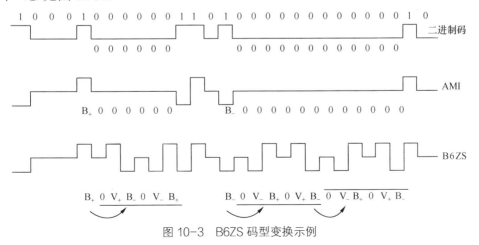

图 10-3　B6ZS 码型变换示例

① B6ZS 是一种伪三电平码，3 种电平用 B_+、B_-和“0”表示；

② 二进制信号中的“0”，在 B6ZS 中仍编为 0；但是六连“0”要用特殊规则④；

③ 二进制信号中的“1”，在 B6ZS 中要交替编成 B_+和 B_-；

④ 二进制信号中的六连“0”，要按下列规则编码：如果六连“0”前的 B6ZS 码位为 B，则对应六连“0”的 B6ZS 码图案为“0 B_-B_+ 0 B_+B_-”；如果六连“0”前的 B6ZS 码位为 B_+，则对应六连“0”的 B6ZS 图案为“0 B_+B_- 0 B_-B_+”。显然，在六连“0”取代中同时引入了两个破坏点，但平均看来仍消除了直流成分。如果用 V_+或 V_-来表示破坏点，则相应的双极码与 B6ZS 码的对应替代关系归纳如下：

六连“0”前面一位 B6ZS 传号码极性	对应六连“0”的 B6ZS 替代码					
	0	0	0	0	0	0
B_-	0	V_-	B_+	0	V_+	B_-
B_+	0	V_+	B_-	0	V_-	B_+

文献［96］给出了这 3 种优选传输码型的传输性能计算结果（见表 10-1）：

表 10-1 优选码传输性能计算表

项　目	AMI	HDB_3	B6ZS	附　注
最小脉冲密度	0	$\frac{1}{4}$	$\frac{1}{6}$	
最大连 0 数	∞	3	5	
电平数	3	3	3	
效率	63%	63%	63%	
抗低频失真	$\frac{1}{4}q$	$\frac{p^2q(1+2q+3q^2)}{(2-q^4)(1-q^4)}$	$\frac{q(1-q^5-2pq^6)}{4(1-q^6)}$	见图 10-4
脉冲密度	p	$\frac{2p}{(1-q^4)(2-q^4)}$	$\frac{p(1+3q^6)}{(1-q^6)}$	见图 10-5
串扰功率因子	$\frac{1}{2}p(1+p)$	$\frac{p(2+2p+q^5)}{2(2-q^4)(1-q^4)}$	$\frac{p(1+p+5q^6)}{2(1-q^6)}$	见图 10-6
平均功率谱密度	$W(f)_{AMI}$	$W(f)_{HDB_3}$	$W(f)_{B6ZS}$	见图 10-7
误码监视	最简	适中	较繁	
码变换设备	最简	适中	较繁	

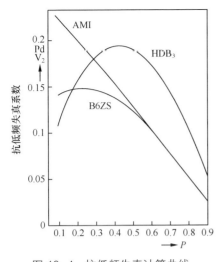

图 10-4　抗低频失真计算曲线

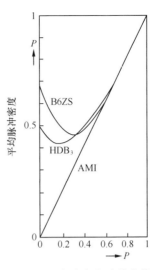

图 10-5　脉冲密度计算曲线

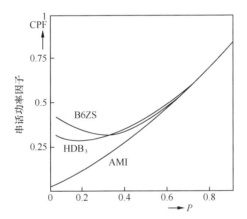

图 10-6　串话功率因子计算曲线

平均功率谱密度计算公式如下：

$$W(f)_{\text{AMI}} = \frac{\left|G(f)\right|^2}{T} \cdot \frac{pq(1-\cos\omega T)}{1-2\,pq+(p-q)\cos\omega T}$$

$$W(f)_{\text{HDB}_3} = \frac{\left|G(f)\right|^2}{T} \cdot \frac{p^2 q}{\left(1-q^4\right)\left(2-q^4\right)} \cdot$$

$$\frac{\displaystyle\sum_{n=0}^{8} B_n \cos n\omega T}{\displaystyle\sum_{m=0}^{8} C_m \cos m\omega T}$$

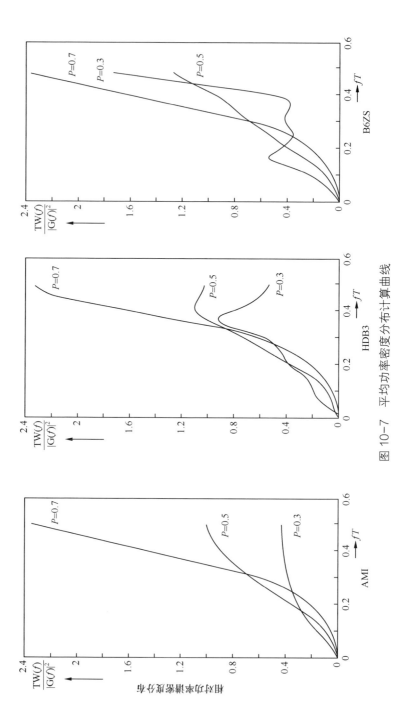

图 10-7 平均功率密度分布计算曲线

$$W(f)_{\text{B6ZS}} = \frac{\left|G(f)\right|^2}{T} \cdot \frac{pq}{(1-q^6)}$$

$$\frac{\sum_{l=0}^{10} A_l \cos l\omega T}{\{1-2\,pq+(p-q)\cos\omega T\}(1+q^{12}-2\,q^6 \cos 6\,\omega T)}$$

式中，$G(f)$ ——传输脉冲的傅里叶变换；

　　　　T ——脉冲重复周期；

　　　　p ——出现二进制符号"1"的概率；

　　　　q ——出现二进制符号"0"的概率。

$$p + q = 1$$

　　A_l、B_n、C_m ——是 p 和 q 的函数，文献［96］给出了具体表达式。

从上述计算结果可得出如下定性结论：

AMI 码在频谱特性方面比较优越，但是没有抑制连 0 能力。故这种码型适于在单独传输信码，而不从信码中提取定时信号的条件下使用，即适合低速、近程和多通路传输情况下使用。

HDB$_3$ 码和 B6ZS 码的传输性能比较接近。它们的频谱特性都劣于 AMI 码，但是却有良好的连 0 抑制特性。故这两种传输码型适于同时传送信码和时钟，即适合于高速、远程和单通路传输情况下使用。

10.4　CCITT 建议码型

1. 64kbit/s 同向接口传输码型

64kbit/s 同向接口，对每一个传输方向采用一条对称线对，同时传送信码、位定时和字定时信号。代码变换规则见图 10-8。

（1）把一个 64kbit/s 周期等分为 4 个间隔；

（2）把二进制信码"1"变为四比特组 1100；

（3）把二进制信码"0"变为四比特组 1010；

（4）交替相邻四比特组的极性，把二电平信号变成三电平信号；

（5）每逢第 8 个 4bit 组就破坏（4）的交替规律，形成破坏点以传递字定时信号。

图 10-9 给出了 64kbit/s 同向接口码型样板。

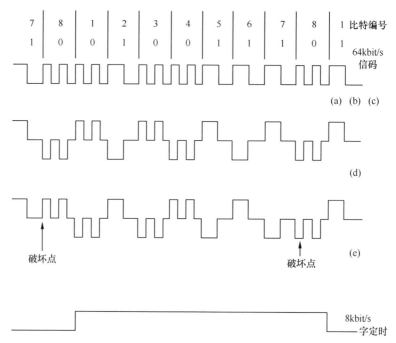

图 10-8　64kbit/s 同向接口传输码型变换示例

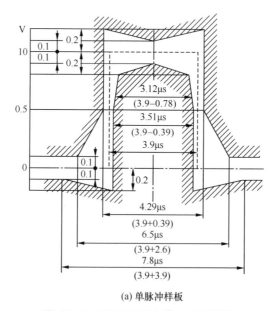

(a) 单脉冲样板

图 10-9　64kbit/s 同向接口码型样板

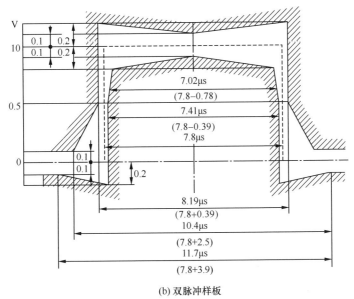

(b) 双脉冲样板

图 10-9 64kbit/s 同向接口码型样板（续）

2. 64kbit/s 集中时钟接口传输码型

64kbit/s 集中时钟接口，对每一个传输方向有一个对称线对传信码；另有一个对称线对将来自时钟源的 64kHz 位定时和 8kHz 字定时信号一起传给各终端设备。代码变换规则见图 10-10。

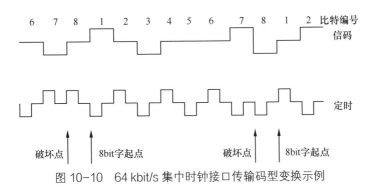

图 10-10 64 kbit/s 集中时钟接口传输码型变换示例

二进制信码变为 100%占空比的 AMI 码；

用 50%～70%占空比的 AMI 码传位定时，通过在位定时 AMI 码中引入破坏点来传送字定时信号。

3. 64kbit/s 反向接口传输码型

64kbit/s 反向接口，对每一个传输方向有两条对称线对。一对传信码，另一个传位定时和字定时信号。代码变换规则见图 10-11。

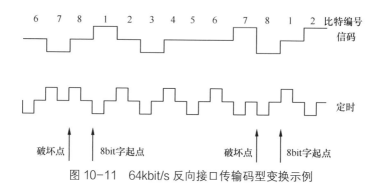

图 10-11 64kbit/s 反向接口传输码型变换示例

二进制信码变为 100%占空比的 AMI 码；

用 50%占空比的 AMI 码传位定时，通过在位定时 AMI 中引入破坏点，以传字定时信号。

图 10-12 给出了 64kbit/s 反向接口码型样板。

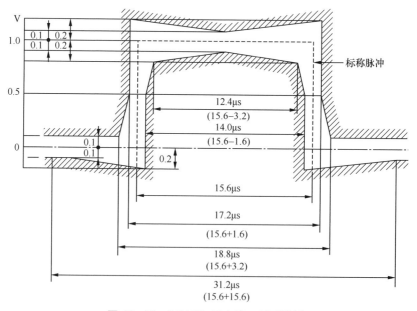

图 10-12 64kbit/s 反向接口码型样板

4. 2048kbit/s 接口传输码型

2048kbit/s 接口最佳方案，每一个传输方向用一个同轴线对，用以同时传送信码和位定时信号。这时用 HDB$_3$ 码型来同时传信码和位定时。

彼此靠近的设备之间的 2048kbit/s 接口，也可以采用另一种方案，即对每一个传输方向用两个对称线对。其一用 AMI 码传信号，另一对称线对直接传位定时信号。

图 10-13 给出了 2048kbit/s 接口码型样板。

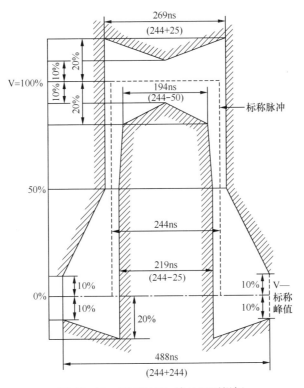

图 10-13　2048kbit/s 接口码型样板

5. 8448kbit/s 接口传输码型

8448kbit/s 接口最佳方案，每一个传输方向用一个同轴线对。用 HDB$_3$ 码同时传信码和位定时信号。接口脉冲样板见图 10-14。

彼此间靠近的设备的 8448kbit/s 接口，可以采用另一种方案。对每个传输方向用两个对称线时，一个用 AMI 码传信号；另一个直接传位定时信号。

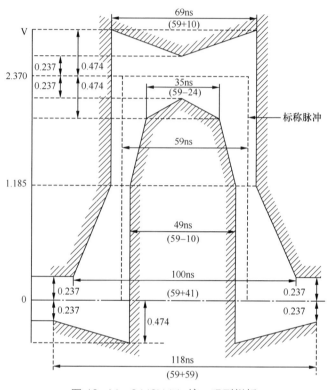

图 10-14 8448kbit/s 接口码型样板

6. 34 368kbit/s 接口传输码型

34 368kbit/s 接口，每个传输方向用一个同轴线对。用 HDB$_3$ 码同时传信码和位定时信号。接口脉冲样板见图 10-15。

7. 139 264kbit/s 接口传输码型

139 264kbit/s 接口，每个传输方向用一个同轴线对。用 CMI 码同时传送信码和定时信号，见图 10-16。

CMI 是一种传号反转（Coded Mark Inversion）二电平不归零码。从二进制信号到 CMI 码的变换规则如下。

（1）CMI 共有两种电平，即高电平 A_2 和低电平 A_1。

（2）二进制信号 0 被编成两种电平 A_1 和 A_2，A_1 和 A_2 各占一半码元间隔。低电平 A_1 在前，高电平 A_2 在后，故二进制码元中间点处总有一个正转换。"0"

码脉冲样板见图 10-17。

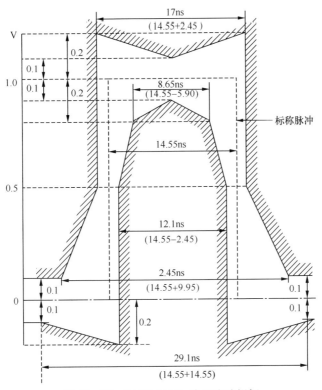

图 10-15 34 368kbit/s 接口脉冲样板

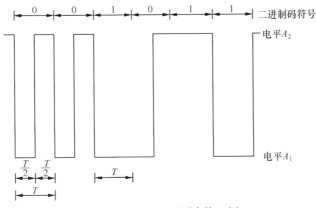

图 10-16 CMI 码型变换示例

（3）二进制信号"1"被编成 A_1 或 A_2，A_1 或 A_2 都占满码元间隔。A_1 与 A_2 电平互相交替出现。在二进制码元间隔起点，如果前面电平是 A_1，则为正转换；如果前面一个二进制"1"已被编成 A_2 电平，则为负转换。"1"码脉冲样板见图 10-18。

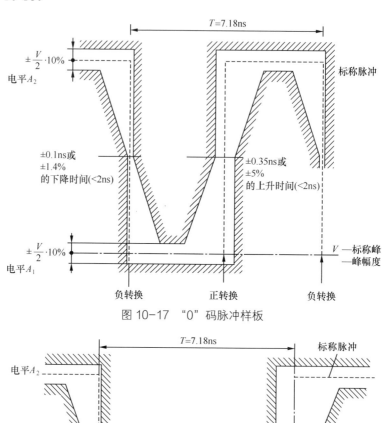

图 10-17 "0"码脉冲样板

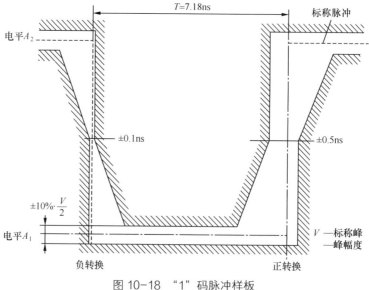

图 10-18 "1"码脉冲样板

第11章 扰 码

11.1 扰码问题

扰码是指一种技术操作。它使得数字信号中的"1"与"0"数字出现概率尽可能接近，位置分布尽可能均匀。扰码器（Scrambler）与解扰（码）器（Descrambler）是成对使用的。扰码器就是实现上述扰码操作；解扰（码）器则实现扰码恢复操作。在本书中，扰码是作为传输系统中的一种传输损伤控制类技术来介绍的。

众所周知，传输系统总是并存传输设备与传输信号（或称比特序列）两个方面。二者之间的相对关系在很大程度上决定了传输质量（或传输损伤）。为此，在各种文献中，常常用比特序列独立性（Bit Seguence Independence），或传输系统的透明性（Transparent）来描述一个传输系统的传输性能。比特序列独立性是指一个比特序列的结构受传输系统约束的程度。如果比特序列容许存在任何结构，即任何码位都可以取任何（"1"或"0"）内容，都能在传输系统中正常传送，就可以说，比特序列独立性最好。如果比特序列的结构受某种限制，例如，1544kbit/s 码流不允许出现超过 7 个连"0"，这时就认为比特序列独立性不佳。显然，比特序列独立性是从比特序列这个方面来描述信码与设备之间的相互关系的；或者说，这是从设备对信码的约束方面来描述两者间的关系。传输系统的透明性是指传输设备传递各种结构的比特序列的能力。说一个传输系统透明性好，是指它能传输结构不受限制或少受限制的各种码流。如果一个传输系统对被传送的码流结构有种种限制，例如，连"0"数不得超过规定数值，就可以说这种传输系统透明性不佳。显然，透明性是从设备这个方面来描述信码与设备之间的相互关系的；或者说，这是从信码对设备的影响方面来描述两者间的关系。综上所述，尽管常用两个不同的概念，从两个不同方面来描述设备与信号之间的关系，但是其实质内容都是一致的。因此，在近期文献中，透明性概念已不多用。CCITT 则单独采用比特序列独立性来描写设备与比特序列之间的关系，并且做出了统一的定义，即如果一个数字通道或数字段的设计目标允许传输规定比特速率的任何比特序列或等效数字序列时，则该数字通道或数字段在该比特速率上是比特序列独立的。不完全是比特序列独立的传输系统，称为准比特序列独立的。这时要注明其局限性。

下面来分析影响比特序列独立性的因素以及改善比特序列独立性的途径。

1. 传输机理影响

在数字传输系统中，为了节省传输信道，总是把信号与时钟合并在一起，通过一个信道来传送。在接收端，首先从接收信号中提取出时钟，然后借助于时钟再识别信码。可见，提取时钟是数字传输中的一个关键问题。提取时钟的质量取决于多种因素，其中重要因素之一是被传送的比特序列中包含"1"码比率（p）的大小。已经证明，当采用非线性变换从数字信号中提时钟（位定时脉冲）时，由码型噪声引起的时钟抖动均方值（J_1^2）与数字信号中"1"码出现概率 p 成反比；当采用平方律器件从数字信号中提取时钟时，由白色高斯噪声引起的时钟抖动均方值（J_2^2）与数字信号中"1"码出现概率 p 的二次方成反比。时钟抖动将引起误码、滑动和量化失真劣化。系统对这几项传输损伤的数值都有明确限制。在其他条件确定之后，对比特序列中含"1"码的概率最小值 p_{min} 也就有了确切限制。即在传输损伤限定之后。传输系统的传输机理也就限制了比特序列独立性的不理想程度。显然，这时改善比特序列独立性的有效途径是设法增加比特序列中含"1"码的比例数。

2. 本系统对其他系统干扰的限制

某些传输系统常常要共用同一传输介质，例如，同轴电缆中常常采用同缆共容工作方式。这时就要考虑系统之间的相互干扰问题。其中彼此间电磁干扰是个重要问题。在设计一个传输系统时，除了考虑抗外界干扰之外，还要考虑对外界其他传输系统的干扰问题。这时就要考虑本系统比特序列的谱密度分布情况，也就是说，要考虑本系统比特序列的谱密度分布的均匀程度。如果本系统存在某些过强的谱线，那么这些较强谱线，势必对外界其他系统产生较强的干扰。而比特序列的频谱密度分布情况取决于比特序列的内部结构情况。图 11-1 给出了几种典型例子。其中，"0"码与"1"码相间的比特序列在半钟频处有最强的谱线；而伪随机比特序列的谱线要均匀得多，最强的谱线要低于"01"相间码最强谱线 $10 \lg \left(\dfrac{L}{2} \right)$ dB，L 是伪码长度。图中示出了 $L = 31 \text{bit}$ 的伪随机序列的最强谱线比"01"相间码最强谱低 11.9dB；$L = 848 \text{bit}$ 的伪随机序列相应谱线要低 23.8dB。通常对本系统的对外干扰强度有确切限制。这种干扰强度的上限限制了比特序列的结构，即比特序列独立性程度。显然，这时有效对策是，尽可能使得比特序列的内部结构随机化。其中伪随机化是一种现实的方案，这时要尽可能加长伪随机周期，以便尽可能使得谱密度分布均匀。同时要考虑设备的复杂程度。由于技术与经济折中考虑，适可而止。

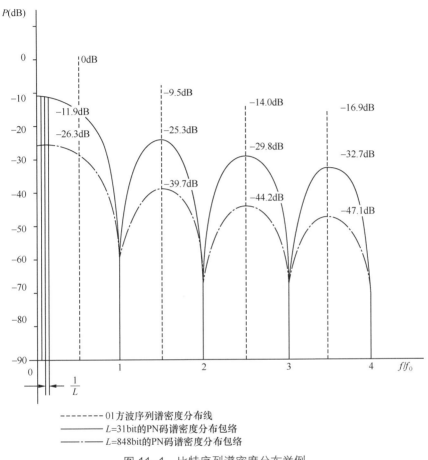

图 11-1　比特序列谱密度分布举例

3. 具体应用中的限制

在不同传输系统中，对比特序列的某些特定组合通常有些特殊的应用规定。例如在高次群数字传输系统中，把 1111010000 这种特定码型作为帧定位信号，如果在传输比特序列中，发现这种码型，就认为是一帧的开始。把全"1"序列当做告警指示信号，如果在传输比特序列中发现这种码型，就认为有关设备出现了故障。再例如，在一些通过模拟电话线传送数据的数传机系统中，如果发现在特定的间隔之后出现重复的符号或码型，就认为是一个字的开始或终了。如果在传输比特序列时，频繁出现这些规定应用的特殊码型，就要破坏整个传输系统的工作，但是偶然出现几次则是允许的。这就是说，某些具体应用，限制了某些特定的码型不得重复或频繁出现，这也限制了比特序列独立性。解决这个问题的办法，也是尽可能使得比特序列结构随机化或伪随机化。

综上所述，出于有利于传输系统工作，即改善传输质量考虑，出于尽可能减小本系统对其他系统的干扰考虑，出于某些具体应用引入的特殊限制考虑，都要求改善比特序列的独立性。而改善传输系统比特序列独立性的有效方法是设法使得比特序列随机化。纯粹的随机化是不可能的，但是把比特序列伪随机化则是现实的。利用扰码器就能把传输比特序列伪随机化；利用解扰码器又能把这种已经伪随机化了的比特序列恢复成为原来的比特序列。

11.2　扰码原理

1．基本扰码器原理

图 11-2 给出了基本扰码器工作原理图。从图 11-2（a）可以看出，扰码与解扰码的工作过程是非常简明的。发送信码（D_i）与一个伪随机码（PN）实施模 2 加逻辑运算，就产生了所需要的已被扰码的比特序列 D_s；到达接收端之后，已被扰码的比特序列 D_s 再与另一个相同的伪随机码（PN）实施模 2 加逻辑运算，即得到接收信码（D_o）：

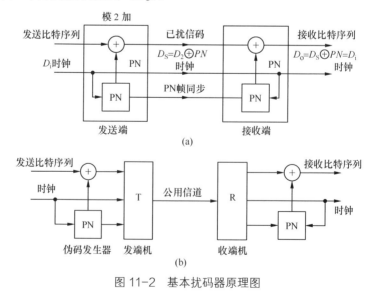

图 11-2　基本扰码器原理图

$$D_o = D_s \oplus PN$$
$$= (D_i \oplus PN) \oplus PN$$
$$= D_i \oplus (PN \oplus PN)$$
$$= D_i \oplus 0$$
$$= D_i$$

从上述工作原理介绍中可以看出，实现扰码和解扰码，要求伪码与信码共用统一的时钟；要求接收端的伪码与接收已扰信码中的伪码分量帧同步。因此，在发送端与接收端之间要求同时传送 3 种数字信号：已扰信码、公用时钟和伪码帧同步信号。在实际传输系统中，例如图 11-2（b）给出的情况，通常用统一的传输通道来传送这 3 种信号。在一个传输信道中同时传输信码与时钟，这是普通常用的方法。但是要求同时传送伪码帧同步信号，这就引出了新的问题。依传送伪码帧同步信号的具体方法不同，就引出了各种不同的扰码方案。例如自同步扰码器和帧复位扰码器，就是其中两种实用方案。下面将逐一介绍。

在介绍实用扰码方案之前，有必要介绍一下典型情况下的扰码效果，从中得出基本扰码器的必要补充功能。图 11-3 示出了 5 种典型的扰码情况。

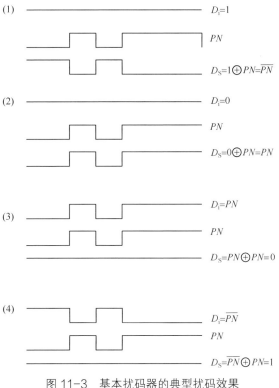

图 11-3　基本扰码器的典型扰码效果

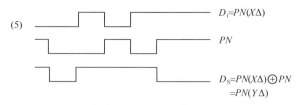

图 11-3 基本扰码器的典型扰码效果（续）

情况（1）信码是全"1"码，扰码结果得到反相伪码序列；情况（2）信码是全"0"码，扰码结果得到同相伪码序列；情况（3）信码是同步同相伪码，扰码结果得到全"0"码；情况（4）信码是同步反相伪码，扰码结果得到全"1"码；情况（5）信码是同步但不同相的伪码，扰码结果得到同步但不同相的伪码。从上述典型扰码效果中可以看出，基本扰码器能把全"0"或全"1"码变换成伪随机码，即能把它们完全伪随机化。但在特殊情况下，即信码出现同步同相伪码结构时，扰码结果适得其反，把已经伪随机化了的信号变换成为不便传输的全"0"码。这时如果把本地伪随机码倒相或更换抽头（即改变伪码延时），就能避免出现连"0"码，而变成全"1"码或者变成伪随机码。可见，基本扰码器在实用中必须附加输出连"0"监视电路。一旦发现超过规定长度的连"0"序列，就采取相应控制措施，例如把伪码倒相，就可以得到较好的扰码效果。

2. 自同步扰码器原理

图 11-4 给出了自同步扰码/解扰码器工作原理图。按扰码器原理图，可以直接写出扰码序列表达式：

$$D_s = D_i \oplus D_s X^{-m} \oplus D_s X^{-n}$$

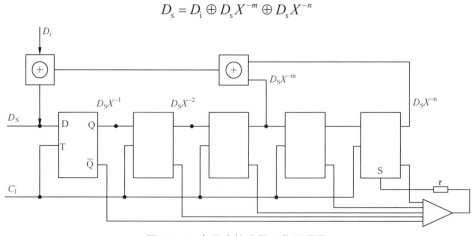

图 11-4 自同步扰码器工作原理图

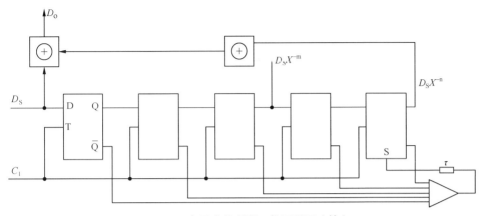

图 11-4 自同步扰码器工作原理图（续）

根据模 2 加逻辑运算基本公式，可做如下变换：

$$D_s \oplus (D_s \oplus D_i) = (D_i \oplus D_s X^{-m} \oplus D_s X^{-n}) \oplus (D_s \oplus D_i)$$

$$D_i \oplus (D_s \oplus D_s) = D_s \oplus (D_i \oplus D_i) \oplus D_s X^{-m} \oplus D_s X^{-n}$$

$$D_i \oplus O = D_s \oplus O \oplus D_s X^{-m} \oplus D_s X^{-n}$$

$$D_i = D_s \oplus D_s X^{-m} \oplus D_s X^{-n}$$

$$\therefore D_i = D_s \bullet (1 \oplus X^{-m} \oplus X^{-n})$$

结果表明，自同步扰码器的输出序列（D_s）等于输入序列（D_i）除以自同步扰码器的生成多项式（$1 \oplus X^{-m} \oplus X^{-n}$）。即按降幂次序相除，用得出的商系数组成输出序列，从而起到扰码作用。

按解扰码器工作原理图，可以直接写出输出序列的表达式：

$$D_o = D_s \oplus D_s X^{-m} \oplus D_s X^{-n}$$

$$\because \qquad D_o = D_s \bullet (1 \oplus X^{-m} \oplus X^{-n})$$

$$\therefore \qquad D_o = D_i$$

即解扰码器输出序列等于扰码器输入序列。

这种扰码器的优点是不需要传送帧定位信号。解扰码器只要接到已扰码序列和时钟，就能实施解扰码操作，并恢复出原来的传输序列。主要问题是在特殊情况下，即 D_i 为全"0"序列并且扰码器初始状态也正处于全"0"状态，这时扰码器输出全"0"序列，即处于"闭锁"状态。为了克服这种"闭锁"状况，必须附加一个全"0"检测电路，当扰码器进入全"0"状态时，就产生一个置位信号，把最后一级移位寄存器置成"1"状态，从而克服"闭锁"状况。自同步扰码器的另一个问题是存在误码扩散现象。在传输过程中，如果发生一位错误，经解扰码之后，在恢复序列中可能出现多个错误。这是可以理解的，因为扰码过程给前后码元之间引入了某种程度的相关性；出现码元错误之后，在解扰码逻辑运算过程中，这种相关性起作用，就要产生多个码元错误。在最坏情况下，误码增值比（ε_{max}）为

$$\varepsilon_{max} = \frac{W(h) \cdot p_e + p_e}{p_e} = W(h) + 1$$

式中 $W(h)$ 是扰码器抽头数。可见，要想降低误码增值数，应尽可能采用抽头少的伪码产生器。这与简化设备考虑是一致的。通常扰码器采用仅有两个中间抽头的伪码发生器。这时最大误码增值比为 3，即传输过程中如果错一个码元，解扰后最多错 3 个码元。

3. 帧复位扰码器原理

从图 11-5 中可以看出，这种帧复位扰码器的扰码原理与图 11-2 中的基本扰码器的扰码原理是一样的，都是把信码直接与 PN 码实施模 2 加逻辑运算。不同点在于提供伪码帧同步方式有差异。在帧复位扰码器中，发送信号是由帧定位信号（A）与信码（D_i）逐段交替组成的。在传送帧定位信号（A）时不实施扰码，在传送信码（D_i）时才实施扰码操作。在传送帧定位信号时，受帧定时信号（K）控制，把伪码产生器置于某特定状态，这时 PN 信号变成连"0"码，因此，帧定位信号不受扰码影响通过模 2 加电路。当开始传送信码时，伪码发生器也开始动作并产生 PN 码，信码 D_i 与 PN 码实施模 2 加运算，得到被扰信码 D_s，通过传输线传给对端。控制信号 K 是周期性控制信号，它的周期通常短于伪码周期。因此对信码实际起扰码作用的伪码只是伪码全长的一部分，其余部分被控制信号 K 剪掉了。即伪码尚未产生一个完整的周期就重新被置于初始状态，在下一帧伪码又从头产生。这样就实现了收发伪码间的帧同步。

由于复接与分接操作必须设置帧定位信号以及帧定位同步机构，因此数字复接器就附带完成了扰码帧同步功能。从扰码角度来看，这种帧同步实施方案是相当简单的。但是由于实际利用的仅仅是伪码的一部分，故不能做到完全伪随机化。如果合理选择置位初始状态，这种帧复位扰码器能把信码变换得接近伪随机化的比特序列。这种扰码器的帧长，通常取决于相关复接系统所采用的帧长。余下要考虑的仅仅是伪码码长的选择。伪码长度不可短于帧长。如果伪码码长短于帧长，在一帧之内就可能形成小的循环周期，因而就可能破坏频谱的均匀程度，甚至出现较强的谱线。为此，通常选取伪码长度大于帧长。但考虑到设备量，也没必要取得过长。

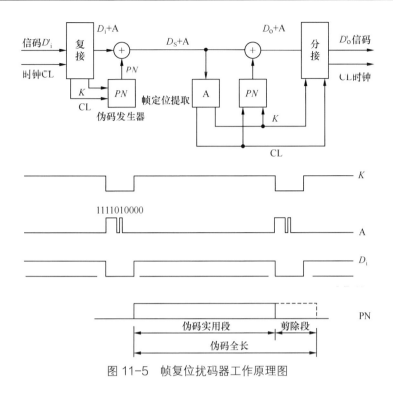

图 11-5 帧复位扰码器工作原理图

11.3 自同步扰码器应用

1. 单纯自同步扰码器应用

在单纯使用图 11-4 所示的自同步扰码器时，要求伪码有足够的长度。加长伪码码长的目的是避免出现某种特定的重复码型。

例如，CCITT 建议 V.29（在点对点四线租用电话型电路上使用的标准 9600bit/s 调制解调器）中使用的扰码器为 23 级，即码长为 $2^{23}-1$，它的生成多项式为 $1+X^{-18}+X^{-23}$。由于这种扰码器不要求采取附加措施，因而特别简单。

2. 带有连码检测的自同步扰码器

图 11-6 示出了带有连码检测的自同步扰码器简图。它与单纯自同步扰码器的区别仅仅在于多了一个检测/控制电路。通常检测/控制电路输出"0"电平，这时输入信码正常通过模 2 加电路；当输出序列 D_s 中的连"1"或连"0"数超过规定数量时，检测/控制电路就输出"1"电平，这时输入口上的模 2 加电路就把输入信码倒相，从而改变输出序列的单调输出情况。

例如，CCITT 建议 V22（在普通交换电话网和租用电路上使用的标准 1200bit/s 的双 I 调制解调器）中使用的扰码器，要求输出（D_s）的连"1"数不得超过 64 个。本建议推荐采用这种具有抑制 64 个连"1"的自同步扰码器。

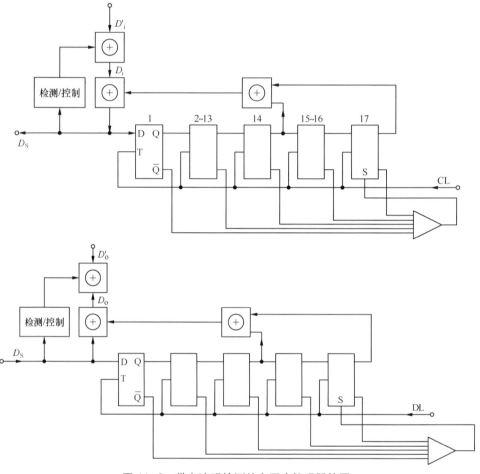

图 11-6　带有连码检测的自同步扰码器简图

3. 抑制特定重复码型的自同步扰码器

图 11-7 给出了能够抑制特定重复码型的自同步扰码器简图。这种扰码器能在相连 M 个比特之内检测出相距 k 的重复码型。一旦发现这种重复码型，就立即把伪码反馈序列中的一个比特倒置，以便破坏这种重复码型延续。这种扰码器能同时抑制多种重复码型。当 k=1 时，这种重复码型就是连码序列（连"1"或连"0"序列）。因此这种扰码器也具有抑制连"0"或连"1"序列的功能。

例如，CCITT 建议 V.27（在租用电话电路上使用的标准带人工均衡器的 4800bit/s 调制解调器）中采用的扰码器，码长为 $2^7 - 1 = 127\text{bit}$，生成多项式为 $1 + x^{-6} + x^{-7}$，检测区间长度 $M - 2^6 - 64\text{bit}$，即在 64bit 间距内连续对输出比特序列进行搜索，如果发现 $P(x)$ 形式序列，则把紧跟在该序列之后的一个比特倒置，从而中止这种码型重复的延续。保护多项式 $P(x)$ 的表达式为

$$P(x)\sum_{i=0}^{32} a_i x^{-i}$$

式中，$a_i = 1$ 或 0。当规定 $a_i = a_{i+9}$ 时，扰码器能防止在多于 42 个连续比特范围内出现 1、3 和 9 比特重复码型；当规定 $a_i = a_{i+12}$ 时，扰码器能防止在多于 45 个连续比特范围内出现 2、4、6 和 12bit 重复码型。同时规定 $a_i = a_{i+9}$ 和 $a_i = a_{i+12}$ 时，能同时防止出现 1、2、3、4、6、9 和 12bit 重复码型。

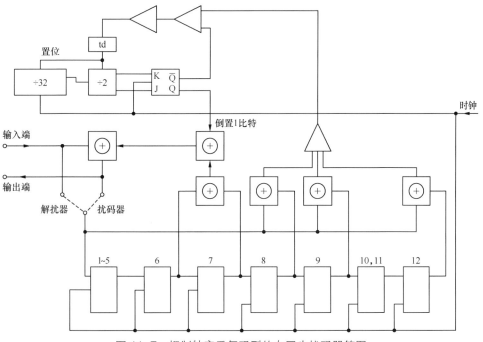

图 11-7 抑制特定重复码型的自同步扰码器简图

在 CCITT 建议 $V_{27}\text{bis}$ 和建议 $V_{27}\text{tex}$ 中也采用类似的自同步扰码器。不同点仅在于除上述抑制功能之外，还要求防止出现 8bit 重复码型，即要求抑制任何相距 8 个码元的两个比特多次出现相同的码型。这时要求保护多项式同时规定 $a_i = a_{i+9}$，$a_i = a_{i+12}$ 和 $a_i = a_{i+8}$。

CCITT 建议 V.35、V.36 和 V.37 也采用这类扰码器，但是只要求抑制 8bit

重复码型。令 P 代表 $1\sim q$ 的全部整数，$q = 31 + 32r$，r 为 0 或任何正整数。当第 P 比特与第（$p+8$）比特出现相同内容时，就立即实施倒置一比特控制，从而防止多次重复出现第 p 比特与第（$p+8$）比特内容重复的现象。具体扰码电路见图 11-8。

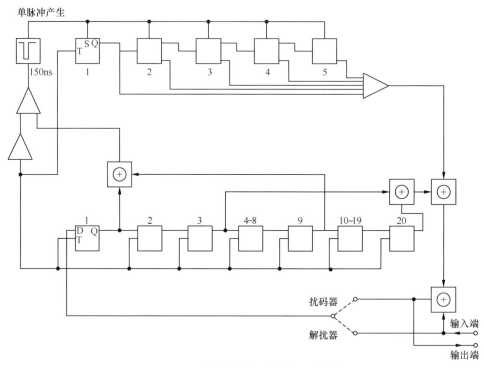

图 11-8 宽带数传机用的扰码器举例

11.4 帧复位扰码器的应用

自同步扰码器多用于不存在帧结构的单路比特序列扰码；帧复位扰码器多用于存在帧结构的群路比特序列扰码。在单路比特序列扰码中，受单路比特序列特定格式（码型）应用规定的限制，已扰信码必须避免频繁出现这些特定的码型，因此必须采取相应的码型重复限制措施。而在群路比特序列扰码中，因为不存在这类限制，所以无须采取附带的抑制措施。由于帧复位扰码器多用于具有帧结构的比特序列中，因而扰码操作与复接/分接操作有密切关系。具体地说，存在着是采用支路序列扰码还是采用合路序列扰码的问题。与其对应的就存在两类帧复位扰码器。

1. 帧复位合路扰码器

图 11-5 示出的就是帧复位合路扰码器。但是仕已扰序列中发现连"0"过多时，就要采取相应控制措施，以减少连"0"数。这种附加措施与基本扰码器的要求类似。图 11-9 给出了 8448kbit/s 群路比特序列的扰码原理图。

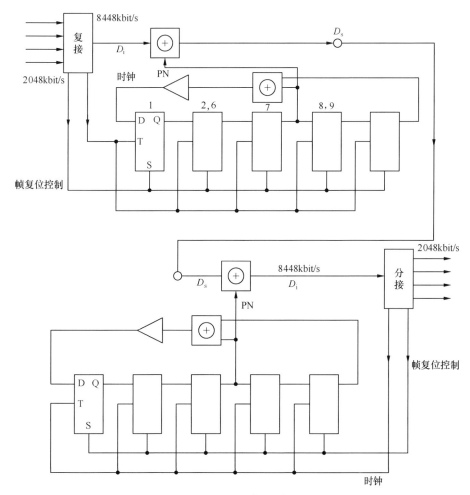

图 11-9　8448kbit/s 比特序列扰码器简图

伪码码长为 $2^{10} - 1 = 1023\text{bit}$，伪码生成多项式为 $1 + x^{-7} + x^{-10}$。帧长为 848bit，帧定位信号 11101000 连同两位告警指示码共计 10 位不参与扰码。当发送帧定位信号及告警信号时，把伪码发生器置"0"。当发现已扰输出序列的连"0"数超过 32 个时，就把合路信号倒相。

从原理上说，这种帧复位合路扰码器也可以用于其他群路比特序列。设计中要求采用伪码长度大于相应的帧长。各级群路信号扰码所要求的最小伪码码长具体数据见表 11-1。

表 11-1　　　　　　　　　　帧复位合路扰码最小伪码长度

合路比特速率（kbit/s）	帧长（bit）	伪码源级数（一）	伪码长度（bit）
2048	2～6	8	255
8448	848	10	1023
34 368	1536	11	2047
139 264	2928	12	4095
564 992	2688	12	4095

2. 帧复位支路扰码器

图 11-10 给出了帧复位支路扰码器简图。可以看出，支路扰码与合路扰码是类似的，都是由帧定位控制信号对伪码产生器实施帧同步控制。不同之处在于，此处是对各个支路序列实施扰码而不是对合路信号实施扰码。现以 CCITT 建议 G.922 所推荐的支路扰码器为例来说明帧复位支路扰码过程。参见图 11-10 和表 11-2。

表 11-2　　　　　　　　　　　　　扰码过程示例

支路时隙编号	PN 状态							预置 (Z)	同步 (K)	S_h				信息内容
	A_6	A_5	A_4	A_3	A_2	A_1	A_0			1	2	3	4	
0	1	1	1	1	1	1	1	0	0	1	1	1	1	帧定位
1	0	1	1	1	1	1	1	1	0	1	0	1	0	
2	0	0	1	1	1	1	1	1	0	0	0	0	0	
3	0	0	0	1	1	1	1	1	1	S_1	S_2	$\overline{S_3}$	$\overline{S_4}$	
4	0	0	0	0	1	1	1	1	1	S_1	S_2	$\overline{S_3}$	$\overline{S_4}$	
5	0	0	0	0	0	1	1	1	1	S_1	S_2	$\overline{S_3}$	S_4	
6	0	0	0	0	0	0	1	1	1	S_1	S_2	$\overline{S_3}$	S_4	
7	1	0	0	0	0	0	0	1	1	S_1	$\overline{S_2}$	S_3	S_4	已扰信码
8	0	1	0	0	0	0	0	1	1	$\overline{S_1}$	S_2	S_3	S_4	
⋮														

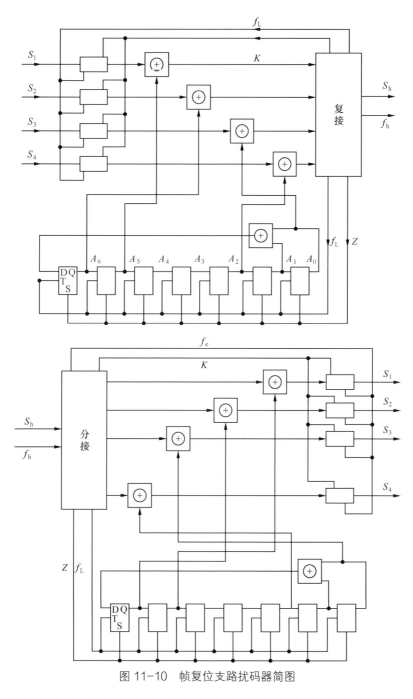

图 11-10　帧复位支路扰码器简图

其中支路时钟 f_1 为合路时钟 f_h 的四分频，支路扰码的全过程是由支路时钟推动的。预置控制占用一个支路时隙时间，或者占用一个支路节拍，因而伪码产生器是连续运行的。只是尚未走完一个或几个完整的伪码周期就被置位了，于是又从头开始运行。同步控制占用 3 个支路节拍，即 12 个合路节拍。在此期间发送 10 位帧定位信号（1111010000）和两位勤务信号；其余节拍，发送各支路信码及其他控制或勤务信号。

扰码操作是在每个支路上进行的。从同一个伪码产生器的 4 个不同抽头上引出 4 个不同时延的伪码，分别对 4 个支路信码进行扰码，然后实施复接。由于是把 4 个已扰信码复接到一起再向对端传输，故伪码选择就可以短些；因为支路速率要低于合路速率的 1/4，所以有利于器件选择或逻辑设计。此外，伪码产生器可以附带产生帧定位信号，又可以简化复接器设备。所以，总的看来帧复位支路扰码比帧复位合路扰码更合理些。但是在不同复接级别上情况可能不完全一样，参见表 11-3。

表 11-3   帧复位支路扰码伪长度

合路速率 （kbit/s）	每帧内每支路 比特数	支路数	标称 PN 码源级 数	伪码长度
2048	8	30	4	15
8448	256	4	7	255
34 368	378	4	8	511
139 264	723	4	9	1023
564 992	633	4	9	1033

从伪码长度方面来看，支路扰码比合路扰码的码长要短些。前面已经说明，实际上可以更短些。例如，CCITT 建议 G.922 推荐的 564 992 支路扰码用的扰码器只有 7 级。此外还要考虑支路数量，如果数量大显然对支路扰码不利，例如 2048kbit/s 复接扰码就不适于采用支路扰码。一般看来，较高群次上，采用帧复位支路扰码器的优点比较明显；在低次群上采用支路扰码的优点就不太明显；当支路较多时，适于采用合路扰码。除建议 G.922 之外，CCITT 对于其他群路扰码尚未做出具体建议。

第12章 回波控制

12.1 回波问题

回波控制设备包含回波抑制器（Echo Suppressor）和回波消除器（Echo Canceller）两类设备。回波抑制器是用于抑制回波的；回波消除器是用来消除回波的。回波是长途电话网中存在的重要现象。参见图 12-1，这是我国长途电话网的一种假想参考模型。市局（LE）和第四级交换中心（QC）采用二线交换连接，第三级交换中心（TC）、第二级交换中心（SC）和第一级交换中心（PC）采用四线交换连接。在第四级交换中心输出端接有 2/4 线变换设备（混合线圈）。它构成了主要回波通路。其回波强弱程度取决于混合线圈的平衡程度。混合线圈平衡程度越好，对于回波平衡回输的损耗就越大，则形成的回波就越弱。这取决于工艺水准和维护水准。我国规定，用于长途电话的混合线圈的回波平衡回输损耗平均值应大于 15dB，标准偏差应小于 2.5dB。

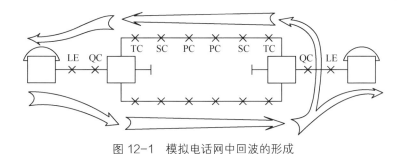

图 12-1　模拟电话网中回波的形成

综合数字网的连接构成与模拟电话网的并不一样。参见图 12-2，一个明显的差异是数字电话的两个方向的传输通道没有什么共用的单元。确切地说，在综合数字电话网中并不使用混合线圈。因为它是全四线制的，自然不存在 2/4 变换问题。当然，严格说来，两条独立的传输通道之间也可能存在空间耦合或电磁耦合，也就可能形成回波。但是，这些耦合的回波损耗却远远大于

15dB，所以这种设想中的回波实际上不会构成工程问题。因此，在综合数字网工程设计中并不考虑回波问题，自然，谈不上使用回波抑制器或回波消除器的问题。

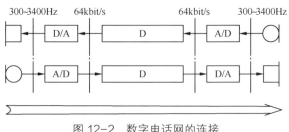

图 12-2　数字电话网的连接

　　数字电话网与模拟电话网从技术上讲是泾渭分明的，然而从工程上讲则并不如此。因为，除非是完全新建，电信网工程总是在原有基础上发展的。这时，技术因素和经济因素同时要起作用。在从模拟电话向数字电话网过渡过程中，如何对待用户线模拟二线传输的问题就成了国际电信争论的焦点。例如：在 CCITT 中就有两种对立意见。一种意见：要想充分发挥数字网的潜在优点，必须抛开模拟二线用户线传输。因为用户线采用标称通带为 300～3400Hz 的音频通道，就限制了多种用户业务的发展。具体地说，利用现有用户线传输窄带非电话业务存在一些经济上和技术上的困难，特别是不可能提供宽带业务。这样，从现有模拟网通过数字网向综合业务数字网（ISDN）过渡就潜伏下了更大的困难。另一种意见：目前国际电话网广泛地采用模拟二线用户线，这是个不容忽视的经济现实。国际电话网的造价，大概有一半是投在二线用户线上。有些大城市，二线用户线的造价甚至超过总电话网造价的 1/2。抛开二线用户线，也就动摇了目前国际电话网的经济基础。

　　经过充分的研究讨论，CCITT 于 20 世纪 80 年代初得出了这样的结论：在向综合业务数字网过渡的相当长的历史时期内，仍将充分利用现有模拟二线用户线；在向综合业务数字网过渡的初期阶段将优先发展窄带业务综合。这样一来，模拟二线传输的用户线就成了目前数字网建设的基础。事实也是如此，目前所有的程控数字交换机都具有通过模拟二线连接模拟电话机的能力，并且以这种模拟连接形式作为基本用户连接方式。图 12-3 给出了这种方式的典型例子。不言而喻，这种混合网与模拟网一样存在回波问题。

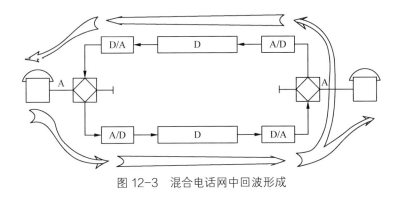

图 12-3 混合电话网中回波形成

12.2 回波容限

在模拟电话网中，人们早就熟悉回波的影响。回波对于通话实际起到的干扰作用，取决于回波的强度和通道传输延迟时间。当通道传输延时一定时，回波越强影响越严重，这是好理解的；当回波强度一定时，传输延时越大则干扰影响也越严重，这也是不难理解。当一个人说话的时候，他的耳朵主要是在听自己的发音，并把这种信息回授给大脑，这时对外界声响是不怎么敏感的。因此，一定强度的回波，在传输时延很小，即说话之后很快就返回的声音，所起的有害作用是比较小的，甚至是可以容许的。但是说话结束之后，人的听觉逐渐地转入接收对方讲话的状态，这时对外界声音就逐渐敏感起来。即一定强度的回波，在传输时延较大时，回波所起的干扰程度就趋于严重。可见，回波所起的令人讨厌的程度，是由人的生理特点决定的。

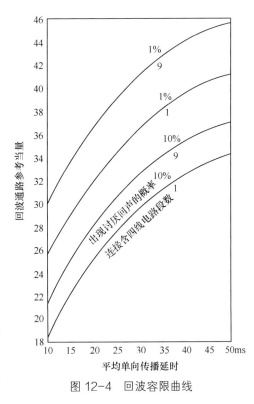

图 12-4 回波容限曲线

CCITT 早在 20 世纪 60 年代，根据主观评定方法，对于回波容限做出了相应的建议（G.131）。参见图 12-4，其中横轴是平均单向传输时延，它代表回波返回到发话人的快慢程度；纵轴是回波通路参考当量，它代表回波通路的衰减程度；参变量是发话人听到讨厌回波的概率；曲线的左上区是容许区。

在上述诸量中，首先值得说明的是回波通路参考当量（E_e）。可以按下列公式计算回波通路参考当量：

$$E_e = SRE + L_{b'a} + L_{atb} + L_{ba'} + RRE$$

式中，SRE 是发送参考当量；RRE 是接收参考当量；$L_{b'a}$ 和 $L_{ba'}$ 是数字连接的"传输衰耗"（显然，$L_{b'a} = L_{ba'} = 0$dB）；L_{atb} 是混合线圈的回波平衡回输损耗。它们的具体含义参见图 12-5。

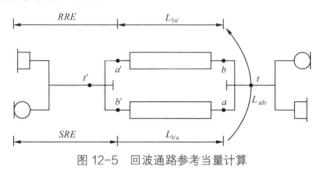

图 12-5　回波通路参考当量计算

按我国国家标准：

$$SRE \leqslant 21\text{dB}$$
$$RRE \leqslant 12\text{dB}$$
$$L_{atb} > 15\text{dB}$$

从公式可以求出回波通路参考当量的典型数值：$E_e = 48$dB。这样大小的回波通路参考当量数值，对于含有 9 段四线电路（即 $n = 9$）的模拟传输系统来说，在单向传输延时为 50ms 的情况下，已经是比较临界的了。但是，这种情况对于混合网，即只含一段四线电路（$n = 1$）的传输系统来说，却是相当充裕的了。由此可见，在一条全程连接只存在一条回波通路的混合网中，回波容限放宽了一些。在混合网中，通常是由一条完整的数字连接作为传输通道，把两个市话数字交换机或两个用户数字交换机连接起来，只有从数字交换机到用户这一段才用模拟二线传输。而混合线圈到用户话机这一整套用户环系统，在模拟电话网中早就标准化了。所以，从设计角度来看，混合网的回波通路参考当量是确定了的，只是依维护水准不同而稍有差异而已。

下面再来介绍平均单向传播延时。在混合网参考模型中已经看到，它的主体是一条完整的数字连接。它的传输衰耗是 0dB，但它的传输延时数值却可能相差悬殊。参见图 12-6，我国长途电话全程假想参考连接为 6500km，共含 8 个交换局和 7 段传输通道。参照 CCITT 的有关数据，每个数字程控交换机的时延为 0.75ms；高速数字传输系统的传输速率为 250km/ms。求得全程传输时延为 32ms。参照图 12-4，可以得出这样的结论，遵照我国国家标准来设计混合电话网，通常都可以满足回波容限要求，因而不必采取回波控制措施。

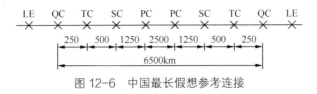

图 12-6　中国最长假想参考连接

从上述介绍可以看出，我国国内陆地通信网通常能够满足回波容限要求，而不必采取回波控制措施。但是，对于国际通信网，或者采用卫星通道的通信网（无论是国内网还是国际通信网），情况则不然。图 12-7 中国际陆地网的最长假想参考连接是 27 500km，含 15 个交换局和 14 段数字通道。取上述数据求得全程最大传输时延为 121.25ms。参照图 12-4，这样大的传输时延，使得实际回波远远超出了由主观评定导出的回波容限。采采用卫星链路的通信网存在类似的情况。当采用同步卫星链路时，每跳的单向传播延时最小为 240ms（接近国内网情况），最大为 280ms（接近国际网情况）。按平均值 260ms 考虑，这也远远超过了回波容限。

图 12-7　国际最长假想参考连接

基于国际技术研究和工程实践，CCITT 建议：当在接续中存在回波源时，非常长的延时干扰影响大大地加剧了，如果没有回波抑制器就不能通话。当单向传播时间大约为 20ms 或更大时，实用的电话网一般都需要配置回波抑制器或者回波消除器。

12.3　回波抑制原理

回波抑制器是装在音频电路四线部分中的一种音频设备，受音频信号控制，往四线电路插入一定的传输衰减，以达到回波抑制的目的。图 12-8 给出了基本的工作原理图。

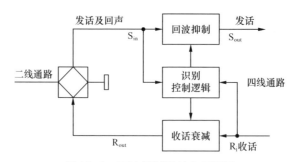

图 12-8　回波抑制器基本原理图

回波抑制器是由识别控制逻辑、回波抑制和收话衰耗 3 个部分组成的。回波抑制和收话衰耗受识别控制逻辑单元控制；识别控制单元受收话信号和发话信号控制。当只有收话而没有发话信号时，识别控制逻辑由受话控制，发出控制信号，在发话通路插入固定衰耗或者切断电路，以加大回波衰耗或者切断回波通路；当只有发话而没有收话信号时，识别控制逻辑受发话控制，发出控制信号，加大收话通路衰减。这就使得收话信号不会过强，因而不致产生过强的回波。

实际回波抑制器有多种多样具体方案。依具体抑制方法不同可分为两类：一类是在收话支路、或在发话支路，或者在两个支路中同时加入固定衰耗。它的极端情况就是切断电路。另一类是在收话支路中串接受控音量压缩器，从而对较强的收话插进较大的衰减。依拾取控制信号方式不同可分为 3 类：其一是受发话信号控制；其二是受收话信号控制；其三是受发话与收话信号强度之差控制。依回波抑制器整体结构不同可分为两类：一种是半回波抑制器（Half-echo Suppresser），即由一条通路的话音信号控制另一条通路的插入衰减；另一种是全回波抑制器（Full-echo Suppresser），即由两条通路的话音信号交叉控制两条通路的插入衰减。一个全回波抑制器的作用相当于两个共轭装设的半回波抑制器共同的作用。依回波抑制器在四线电路中装设的位置不同，可分为终端型和中间型两种：终端型的是装在靠近回波源附近，例如，紧靠着混合线圈；中间型的装设位置没什么限制。目前 CCITT 推荐的是在发话通道插入固定衰减，同时在收话通路串接音量压缩器的、差动控制终端型半回波抑制器。这种推荐方案的方框图参见图 12-9。

这种优选回波抑制器的工作过程简述如下：当只存在收话信号而不存在发话信号时，检音器发出控制信号切断发话通路至少持续 50ms；当同时存在发话和收话信号，而收话信号比发话信号强时，差动电路没有输出，与上述控制状态一样，继续切断发话通路；当发话信号比收话信号强时，即检音器 1 输出大于检音器 2 输出时，把发话通道接通（这时切断信号不再起作用），同时令音量压缩器起作用，这种操作至少持续 300ms；当只存在发话信号，差动电路仍有输出，即发送通路仍然接通，而音量压缩器仍起作用。通常在有秩序地交替通话过程中,在接收信号消逝之后(这时切断发送通路至少还要持续 50ms),立即出现发送信号时,就可能把发话开头部分阻断,这种现象称为剪音;如果发送和接收同时存在,在接收信号比发送信号强时,发送通路仍被切断,这时会出现严重的剪音。为此,通常还要加上第三个检音器,当发送信号与接收信号同时超过某个门限值时,就发出控制信号封闭整个回波控制器,从而接通发送通路,同时不让音量压缩器起作用。

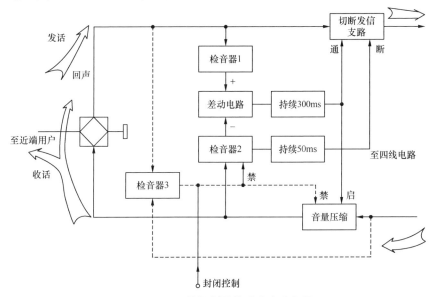

图 12-9　回波抑制器优选方案方框图

　　这些话音检测器必须有合适的检测门限值,以区别噪声和较弱的话音信号,否则噪声也会起虚假的控制作用。出于这种话音检测门限考虑,通路话音电平的规定也就成了重要的问题。即在规定的相对电平基础上,回波抑制器才能正常工作。相关的研究得出:话音音量分布,只有 10%的时间才会低于 −29dBm0;典型的回波抑制器的话音检测器在长距离电路上遇到的噪声极端值约为 −36dBm0。所以,CCITT 推荐话音检测器门限应在噪声极限值和话音信号下限值之间取值。

　　前面已经提到,工程上推广使用的(也正是 CCITT 推荐的)是采取差动识别的终端型半回波抑制器。图 12-10 给出了这些典型的回波抑制器。但是,在说明它们的工作原理时,并未说明它们的具体实现方法:是模拟方法还是数字方法。而这点才是在设计混合通信网与选用回波抑制时所关心的。对此CCITT 推荐了 4 种方案。参见图 12-10。其中,A 型回波抑制器是全模拟的回波抑制器;B 型回波抑制器除了识别与控制逻辑是数字的之外,其余全是模拟的;C 型和 D 型回波抑制器是全数字的。其中,A、B 和 D 3 种回波抑制器是工作在模拟环境中的，即并接的四线电路全是模拟电路，并且流通模拟信号；只有 C 型回波抑制器才工作在数字环境里，即连接数字电路并馈接数字信号。对于仅反保留模拟用户线的全数字网来说，A 型和 B 型比较常用。对于其他混合网来说，几种型号的回波抑制器都可能用到。

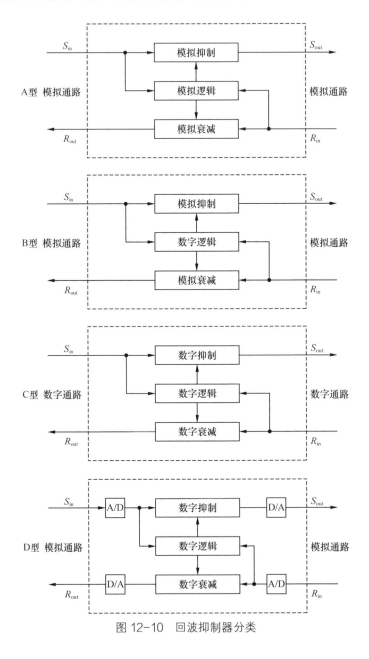

图 12-10 回波抑制器分类

最后要说明的是，只有进行通话才需要加回波抑制器。如果不是通话，例如通数据，这种回波抑制器不但是不必要的，而且还是有害的。因为它会阻断或衰减数据信号。为此，回波抑制器备有外加封闭控制端。当不需要回波抑制器时也不必拆除，而是在远端或近端施加控制，把它封闭。

12.4　回波抑制性能

回波抑制器的工作状态，依其收话输入端（R_{in}）的信号电平（L_R）与发话输入端（S_{in}）的信号电平（L_s）之间的相对数量关系，可以分为 5 种工作状态。当两个输入端都没有话音信号，或者输入信号低于规定的最低电平时，回波抑制器处于无信号状态，称为 X 状态，这时设备实际上不起作用。当 R_{in} 没有输入信号或低于最低电平，而仅仅存在高于最低门限电平的发话信号时，回波抑制器处于只有发话信号状态，称为 Y 状态，这时发话通路无抑制，而收话通路中有衰减。当两个输入信号电平都超过最低门限电平，发话电平大于收话电平并且达到或超过差动灵敏度时，回波抑制区处于插入工作状态，称为 W 状态，这时，发话通路不受抑制，而收话通路有衰减。当收话输入信号电平超过最低门限，而发话信号电平低于门限电平或者略高于门限电平，但肯定达不到差动灵敏度时，回波抑制器处于抑制状态，称为 Z 状态，这时发话通路受到抑制。在插入状态（W）与抑制状态（Z）之间存在一个滞后状态（V）。这是一种不确定状态，如果回波抑制器原来处于插入工作状态，相对电平关系进入 V 区仍然保持插入工作状态；反之，如果原来处于抑制状态，则在 V 区内仍保持抑制工作状态。这是由于差动识别器的磁滞特性引起的，即由于差动识别器（相对于发话与收话信号电平差）的启动门限高于释放门限引起的。图12-11 给出了在理想情况下，回波抑制器的工作状态分布图。

下面说明 5 种工作区域边界。发话和收话最低信号电平（即 X/Z 区域边界、X/Y 区域边界和一部分 V/Z 区域边界），取决于实际系统中话音信号电平分布及噪声电平大小。这个边界就是话音识别器的识别门限，其取值介于最低话音信号电平与噪声最高电平之间，通常取在 $-29\text{dBm}0$ 与 $-33\text{dBm}0$ 之间。W/V区域边界取决于差动识别器的插入灵敏度。发送与接收信号电平之差超过插入灵敏度，系统就进入插入工作状态。V/Z 区域边界的形状取决于在插入工作期间加到收话通路中的衰减的数量。

回波抑制器特性的测量，分为静态测量与动态测量两部分。静态测量主要是测量发话通路的抑制门限电平和抑制衰减、Y/W 门限电平插入工作期间的收话通路衰减及插入识别灵敏度等项。图 12-12 给出了这些测量项目用的设备连接图。关于这些测量，CCITT 在建议 G.164 中做了详细的规定。

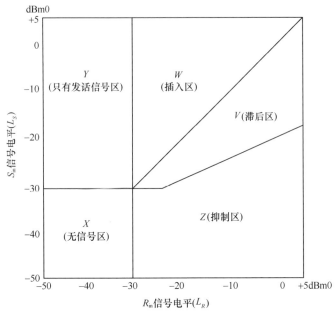

图 12-11　回波抑制器工作状态分布图

　　回波抑制器动态测量，主要是测量抑制响应时间（α）、抑制释放时间（β）、插入响应时间（α_p）和插入释放时间（β_p）4 项。

抑制响应时间（Suppression operate time）是指以规定的方式把规定的测试信号加到发话和收话输入端的时刻，与回波抑制器发话通路产生抑制衰减时刻之间的时间间隔。抑制释放时间（Suppression hangover time）是指以规定的方式把规定的测试信号加到发送和接收输入端时刻，与发送通路去掉抑制衰减时刻之间的时间间隔。图 12-13 给出了抑制响应时间和抑制释放时间的关系图。其中纵轴表示信号包络幅度，

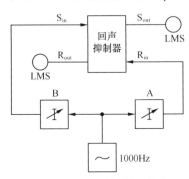

图 12-12　回波抑制器静态
测量连接图

较大值表示有信号电平，较小值表示噪声电平（即没有信号但电路是接通的），零线表示通路被抑制阻断；横轴表示时间。图 12-14 给出了抑制响应/释放动态测量设备连接图。

　　插入响应时间（Break-in operate time）是指以规定的方式把规定的信号加到发送和接收输入端时刻，与抑制撤销时刻之间的时间间隔。插入释放时间

（Break-in hangover time）是指以规定的方式把规定的信号加到发送和接收输入端时刻，与抑制重新出现时刻之间的时间间隔。图 12-15 给出了插入响应时间与插入释放时间的关系图；图 12-16 给出了插入响应时间和插入释放时间测量连接图。

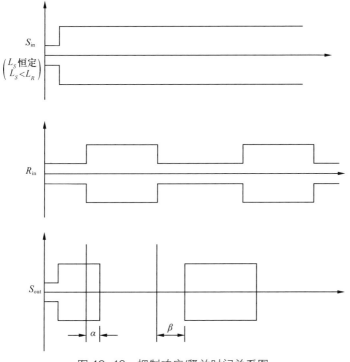

图 12-13　抑制响应/释放时间关系图

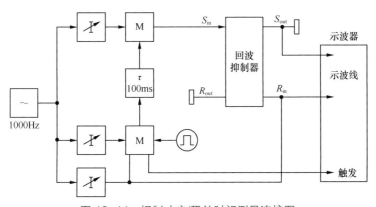

图 12-14　抑制响应/释放时间测量连接图

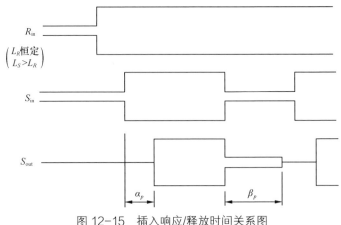

图 12-15 插入响应/释放时间关系图

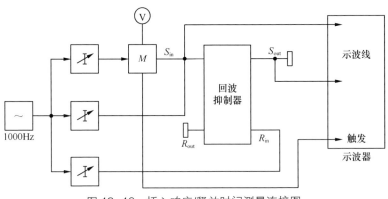

图 12-16 插入响应/释放时间测量连接图

从上述回波抑制器的 4 项主要动态特性指标（α、β、α_p 和 β_p）的含义来看，在抑制响应时间和插入释放时间，回波抑制器将起不到回波抑制作用，即照样产生回波；在抑制释放时间和插入响应时间内，发话通路仍然存在（不必要的）抑制衰减，因而可能形成剪音。

12.5 回波消除原理

图 12-17 给出了回波消除器的基本原理图。假定回波仅仅是由混合线圈形成的，即由于混合线圈的平衡回损不够大，部分接收信号能量通过 ab 通路形成了不容忽视的回波。如果把一个适当的能够复制回波的网络并行接在接收通路上，并且把这个网络的传递特性调整得与混合线圈 ab 通路的传递特性完全一样。那么，在四线发话通路上接入一个相减器，把真回波与复制出来的假回

波相减；就可能把回波完全消除，即在发送通路中不再出现回波。

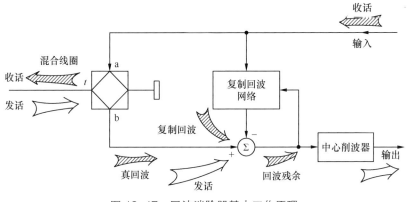

图 12-17　回波消除器基本工作原理

　　能否实现上述设想，关键在于复制网络的设计与调整上。如果混合线圈的
ab 通路特性是理想线性，并且是时不变的，那么这种网络的调整就比较简便，
而且一旦事先调整好，就可以使用下去。例如，利用一种特定的模拟信号经人
工操作就可以完成这种固定调整。如果混合线圈 ab 通路的传递特性是时变的，
或者是非线性的，即随收信电平变化而改变。这时这种复制调整只好采用自适
应调整，即利用残余回波来进行自适应调整。这时，由混合线圈和复制回波网
络所构成的自适应调整系统就变成了一个有差控制系统。即总要存在残余回
波。但是，只要这种回波残余足够小，就会取得良好的回波衰减效果。

　　从残余回波与真回波比较中即可得出回波消除器的回波衰减量。这种衰减
量通常远大于回波抑制器的回波衰减量。例如：20 世纪 70 年代初期的回波消
除器，回波衰减的典型数据是 20dB；20 世纪 70 年代后期的典型数据是 35dB。
如果还想进一步加大这种回波衰减量，或者出于经济考虑，不希望回波消除器
过分复杂，因而适当放宽衰减量要求，可以在发话通路串接一个中心削波器。
它的作用相当于在接收机中常用的净噪电路，对较强的发话信号基本上不产生
影响，对较弱的残余回波施加进一步的衰减。经这样两步抵消和削波处理之后，
即使利用像卫星电路这样的长延时系统通话，用户也感受不到回波的影响。这
大概就是回波消除器名称的来源。

　　目前 CCITT 把回波消除器分为 4 类。图 12-18 给出了这种分类示意图。
其中，A 型是全模拟回波消除器；B 型回波消除器采用数字计算、数字控制逻
辑和模拟相减器；C 型是全数字回波消除器；D 型也是全数字回波消除器，但
是要通过模/数变换接口与模拟通路连接，在这 4 种型号的回波消除器中，A、
B 和 D 3 种回波消除器是用于模拟环境中的，即并接在模拟四线电路当中馈接

模拟信号；只有 C 型回波消除器才是用于数字电路中，直接馈接数字信号。在仅仅保留模拟二线用户线的全数字网中，A 和 B 两种型号可能用得多些；在四线 A/D 变换之后也可能用到 C 型回波消除器；在其他形式的混合网中也可能用其他型号的回波消除器。但从发展趋势来看，各种型号的回声消除器推广使用的前景主要取决于性能价格比的演变情况。

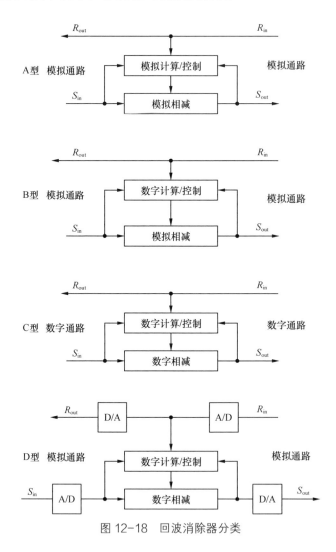

图 12-18　回波消除器分类

　　图 12-19 给出了一种 20 世纪 70 年代初期典型的回波消除器电原理图。整个复制回波网络是由数字运算和控制电路组成的，包括一条具有 M 个抽头的抽头延时线（或具有 M 个分支的横向滤波器）、M 条支路（每条支路是由两个

乘法器和一个数字积分器组成的）、一个具有 M 个输入端的加法器和一个具有特定传递特性和增益可调的传递单元。

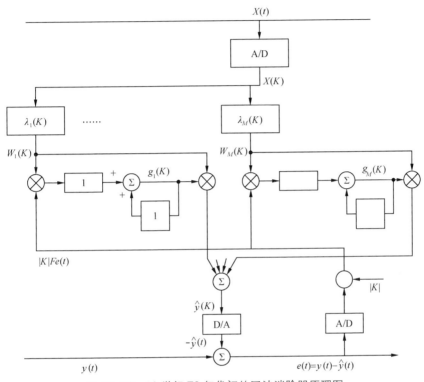

图 12-19　20 世纪 70 年代初的回波消除器原理图

图中 $x(t)$、$y(t)$、$\hat{y}(t)$ 和 $e(t)$ 都是模拟量，分别是接收信号、回波信号、复制回波信号和残余回波信号。它们经 A/D 变换设备变成数字信号，与之对应的第 K 个采样时刻的数字信号分别为 $x(k)$、$y(k)$、$\hat{y}(k)$ 和 $e(k)$。

图中各主要节点信号之间的关系如下：

$$W_i(K) = \lambda_i(K) \cdot X(K)$$

$$g_i(K) = \int |K| F_e(K) \cdot W_i(K) \, \mathrm{d}K$$

$$\hat{y}(K) = \sum_{i=1}^{M} g_i(K) \cdot W_i(K)$$

$$i = 1, 2, \ldots, M$$

其中，$\lambda_i(k)$ 是各抽头的脉冲响应，$W_i(K)$ 是由收话信号形成的各抽头输出信号，$|K| F_e(K)$ 是由残余回波形成的控制信号。其中 F_e 是误差的函数，要求它是单

调递增的奇函数。只要适当地调整 |K| 值的大小，就可以使得复制回波 $\hat{y}(t)$ 尽可能逼近真回波 $y(t)$，因而使得残余回波 $e(t)$ 尽可能地小。|K| 称为反馈增益。这种回波消除器实际做到的典型数据：调整时间为 1s，最大抑制度为 22.1dB，最小抑制度为 18.2dB，这时反馈增益为 5.1×10^{-3}。

图 12-20 给出了一种 20 世纪 70 年代末期的回波消除器方框图。它的主要组成部分包括残余回波检测、调整控制用的微处理机和复制回波网络。与 20 世纪 70 年代初期的回波消除器比较（参见图 12-19），它们的基本工作原理仍是一样的，同样都采用复制抵消法。所不同的是，早期的回波消除器，侧重点是利用相干加权法来复制回波，至于调整则是比较简单的：仅仅调整反馈增益一个量，而且这种调整也不一定是自动的。事实上形成回波的通路特性是比较复杂的，要想比较精细地模拟它，以复制出更为逼真的回波，必须调整更多的量。同时考虑回波消除器的调整收敛时间的使用要求，这些调整只能是全自动的。幸好微处理机能够提供这种快速多变量的调整能力。这样就形成了近代回波消除器的基本构思。因此，工作状态调整机构成了现代回波消除器的主要组成部分。

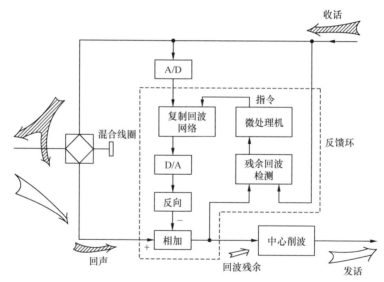

图 12-20　20 世纪 70 年代末的回波消除器方框图

图 12-21 给出了一种现代回波消除器的方框图。它的主体是一个受残余回波控制的数字调整环路。假定混合线圈产生的回波为

$$y(K) = \sum_{i=1}^{M} h_i^* X(K-i)$$

式中，M 是等效路径数，h_i^* 是第 i 条等效路径的脉冲响应。由复制网络复制

的回波为

$$\hat{y}(K) = \sum_{i=1}^{M} h_i(K) \cdot X(K-i)$$

式中，$h_i(K)$是数字横向滤波器第 i 抽头在第 K 个采样时刻的加权值。这时相应的残余回波为

$$e(K) = y(K) - \hat{y}(K)$$
$$= \sum_{i=1}^{M} (h_i^* - h_i(K))X(K-i)$$

可见，要想最大限度地抑制回波，必须调整所有的 $h_i(K)$值，以尽可能地接近对应的h_i^*值。显然，这种调整较之早期的简单粗略调整要复杂得多。

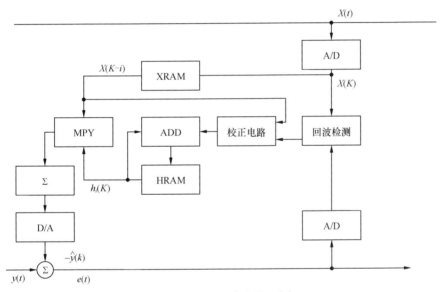

图 12-21　近代回波消除器方框图

图 12-22 给出了图 12-21 示例的具体实现了的回波消除器方框图。它是由运算和控制两部分组成的。运算部分是由 XRAM、HRAM、MPY、SFT、BMP 和 IMUX 6 个单元组成的。其中，XRAM 是用来存储收话信号 $X(K-i)$的随机存取存储器；HRAM 是一个容量为 256Bytes（字节长 16bit）的随机存储器，用于存储抽头加权 $h_i(K)$；MPY 是个乘法器，用于 $X(K-i)$和 $h_i(K)$相乘运算；BMP 是由 4 块 Am 2901 组成的双极性微处理机，它完成除了相乘之外的全部运算，包括 $X(K-i) \cdot h_i(K)$累加及校正抽头加权 $h_i(K)$等功能；SFT 是个移位寄存器，对 XRAM 的输出进行移位；IMUX 是一个受 XRAM 输出 $X(K-i)$控制的

微指令单元，它产生的微指令用于控制 BMP、RAM 等单元。控制器是由一个 64Bytes 的只读存储器（ROM）构成的。其中存有预先确定的程序、地址和产生运算需要的微指令序列。这种结构的主要优点是除了能实现条件分支操作之外，还能明显地简化控制设备。

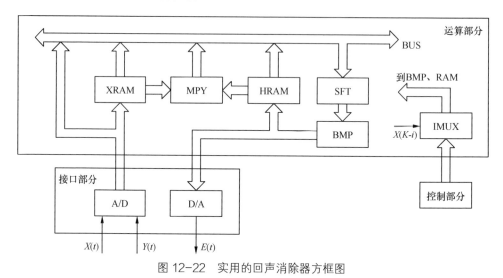

图 12-22　实用的回声消除器方框图

这种采用微处理机调整控制的全数字回波消除器，自动调整收敛时间约 0.5s；回波衰耗可以做到 35dB。可见，比初期的回波消除器性能有了明显的改善。

12.6　回波消除性能

回波消除器的主要技术性能体现在实际的返回远端的回波电平和自适应调整收敛过程的快慢程度上。考虑到回波消除器有的采用非线性处理（即中心消波器），有的则不需要，所以，返回远端的回波电平大小分别用返回回波电平和残余回波电平来表示；收敛过程长短则用收敛时间来表示。

残余回波电平（Residual echo level，L_{RES}）是指由于不能完全消除电路回波，而在工作中的回波消除器的发话输出端上残存的回波信号电平。它与收话信号电平 L_{RIN} 的关系为

$$L_{RES} = L_{RIN} - A_{ECHO} - A_{CANC}$$

其中，A_{ECHO} 是回波衰减（echo loss），它是在回波消除器的收话通路到发话通路之间，由于传输和混合衰耗所引起的信号衰减，即回波通路衰耗。A_{CANC} 是

消除衰减（cancellation），它是回波信号通过回波消除器的发话通路时的衰减。

返回回波电平（Returned echo level，L_{RET}）是指采用非线性处理的回波消除器的发话通路出口上残存的回波信号电平。它与收话电平的关系为

$$L_{RET} = L_{RIN} - A_{ECHO} - A_{CANC} - A_{NLP}$$

其中，A_{NLP} 是非线性处理衰耗，即串接在回波消除器发话通路上的非线性单元（即中心削波器）对残余回波电平的附加衰减。图 12-23 给出了残余回波电平和返回回波电平的计算示意图。

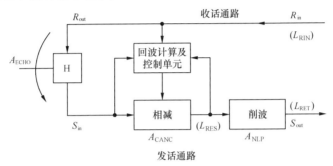

图 12-23　残余回波电平和返回回波电平计算示意图

收敛时间（Convergence time）T_{CON} 是指往处于初始状态的回波消除器的接收入口上加规定的测试信号的瞬间到回波消除器发送出口上的返回回波电平达到规定数值的瞬间之间的时间间隔。回波消除器的初始状态是指回波消除器的回波通路脉冲响应存储器（即 H 移位寄存器）被清理（置"0"），而自适应环路处于被禁止状态。

对回波消除器技术性能的基本要求是：收敛时间要短，返回回波电平要低。下面介绍它们的测量方法和具体要求。

图 12-24 给出了回波消除器性能测量简图。其中两个噪声源产生带宽受限（300～3 400Hz）的白噪声作为模拟话音信号用；回波延时和回波衰减单元用来模拟回波通路；选用非线性处理输入端是用来接入或排除中心削波器；H 寄存器置 0 端和禁止自适应端是用来对回波消除器置初始状态。

静态残余和返回回波电平测量：

回波衰减取 $\geqslant$10dB，回波延时取 $\leqslant \Delta$ms，把 H 移位寄存器清理，加上收话信号，经足够的时间让回波消除器收敛，则产生静态残余回波和返回回波电平。当输入话音电平 L_{RIN} 在 $-30\sim-10$dBm0 之间变动时要求：

（1）当不采用中心削波器时，残余回波电平 $L_{RES} \leqslant L_{RIN} - 40$dB；

（2）当采用中心削波器时，残余回波电平 $L_{RES} \leqslant -40$dBm0；返回回波电平 $L_{RET} < -65$dBm0。

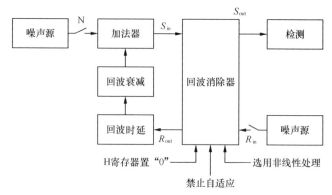

图 12-24   回波消除器性能测量简图

收敛时间测量：

清理 H 移位寄存器：禁止自适应操作：加上 R_{in} 端输入信号；把 -10dBm0 的信号 N 接通。（参见图 12-24），把 N 信号断开同时启动自适应操作；经 500ms 之后再禁止自适应并测量返回回波电平。这些操作时间关系见图 12-25。

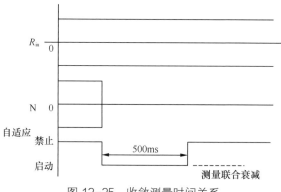

图 12-25   收敛测量时间关系

回波衰减（A_{ECHO}）≥10dB，回波延时≤Δms，对于从 -30dBm0 到 -10dBm0 的收话输入电平 L_{RIN} 来说，在初态经 500ms 再禁止自适应之后，联合衰减（$A_{COM} = A_{ECHO} + A_{CANC} + A_{NLP}$）应当大于 27dB。收敛时间取 500ms 是 CCITT 推荐的暂定值，正在研究它的取值边界。

12.7   回波控制的应用

由于回波控制器技术成熟，价格便宜，在距离不是很长的电路中，已经推广使用这种设备。使用回波抑制器应符合下列规则：

（1）任何两个用户之间的一次接续出现讨厌回波的概率不得大于 1%，如果大于这个概率就要使用回波控制设备。

（2）任何需要回波抑制器的接续，理想的要求是应当包括不多于一套等效全回波抑制器（即两套半回波抑制器）。当多于一套全回波抑制器时，通话易受剪音损伤。

（3）不需要回波抑制器的接续，不应当配备回波抑制器。因为它们增加故障率，而且是一个附加的维护负担。

（4）半回波抑制器应当尽可能和整个接续的四线电路的混合线圈装在一起，这样可以减少受回波抑制器影响而造成剪音的机会。

（5）经过有关主管部门商定，对于涉及两国的最长国内四线延伸电路的接续，遭受讨厌回波影响的概率高到 10% 仍是可以接受的。

（6）如果第（3）条达不到，可以把回波抑制器装在国际中心或者一个适当的国内转接中心内。但是回波抑制器一定不能离用户太远，以致超过 25ms 的回波支路环程时延的限制。

（7）在孤立的情况下，一个短延时全回波抑制器可以装在转接电路的发话侧，以代替两个终端局的两个半回波抑制器。这样可以减少回波抑制器的数量，也可以简化信令和交换装置。优选设备是把两个半回波抑制器装在尽可能靠近接续的时延中心位置，这样可以缩短持续时间。

（8）在特殊情况下（例如电路中断），可以提供一条应急路由。这种路由如果没有回波抑制器，在短时内仍可使用。如果使用这种路由持续几个小时以上就必须配备回波抑制器。

（9）一个不需要回波抑制器的接续，可能实际上不必要地接有一套或两套半回波抑制器，或者一套全回波抑制器，这也是可以接受的。因为经过良好调整的中等时延回波抑制器的影响，在一次通话中是很难被人觉察的。

（10）如果达不到第（2）项要求，在一个连接中多达两套全回波抑制器也是可以允许的。

（11）短时延型回波抑制与长时延型回波抑制器可以兼容使用。

（12）回波抑制器只适于话音传输，对于传输数据和电报等则遇到实际困难。为此，回波抑制器备有音控封闭装置，在进行非电话业务时可以遥控封闭回波抑制器。

（13）回波抑制器可以采取下列几种连接方式：做一种回波抑制器集中装置，把一个回波抑制器供几群电路轮流使用，哪条电路需要就接通那条；固定地接到某一条电路上，不需要时通过遥控把回波抑制器封闭；把电路分成两群，一群接有回波抑制器，另一群没有。将来视使用要求选择使用。

随着陆地网向国际范围延伸，特别是广泛采用卫星电路通道，传输延时明显加大，回波的有害干扰作用更趋严重。这时必须进一步加大回波通路衰减，而现有的回波抑制器达不到这样的抑制衰减要求；此外，回波抑制器存在机理性的缺陷，即抑制工作状态与插入工作状态是不可调和的。因此，回波抑制器的响应门限值、释放门限值及持续工作时间只能折中调整。在电路衰耗要求、噪声和回波幅度不太大和传播时间不太长时，还能对回波进行足够的限制，并且不产生明显的剪音现象。当这些因素趋于某个极限范围时，回波抑制器的剪音变得越来越严重，抑制效果也越来越差。在这种情况下，要用回波消除器。

从回波消除器工作原理介绍中可知，回波消除器在通信网中的应用不受技术方面的限制，但是却受到经济方面的约束。主要是价格较贵，功耗较大。这就是 20 世纪 70 年代初已经出现回波消除器，直至 20 世纪 80 年代初才得以初步实用的原因。就目前而言，仍然能用回波抑制器的就不用回波消除器，除非像卫星电路这些特殊情况，非用回波消除器不可。

图 12-26 给出了卫星系统与地面通信网的连接示意图，其中汇接局与地面站直接连接，两个汇接局之间，既可通过卫星系统连接，也可通过地面长途干线连接。汇接局通过地面电路与市话局连接。市话局通过市话电缆与用户话机连接。在卫星系统中使用回波消除器时，要注意以下几点。

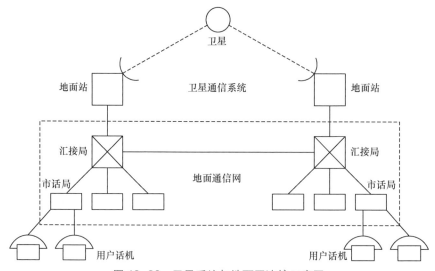

图 12-26　卫星系统与地面网连接示意图

（1）回波消除器安装位置：要把卫星系统用的回波消除器装在与地面站相连的地面汇接局内。在汇接局内同时装有卫星系统用的信令变换设备。因此，可以选择把回波消除器（EC）与信令设备（SU）分立设置，或者把二者装在一个设备之内。这两种安装方案参见图 12-27。

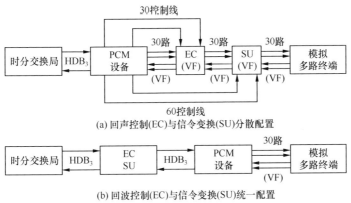

(a) 回声控制(EC)与信令变换(SU)分散配置

(b) 回波控制(EC)与信令变换(SU)统一配置

图 12-27　回波消除器与信令设备配置方案

（2）卫星系统传输时延，包括卫星链路传播延时和其他数字设备环节的时延，还要考虑绝大多数回波消除器所特有的大约 4 ms 的建立反馈的时间时延。

（3）在汇接中心装有回波消除器的卫星链路等效原理图见图 12-28。这种系统在建立呼叫时，要借助地面网的信令系统控制来封闭回波消除器。直到呼叫建立过程结束，再重新启动回波消除器。

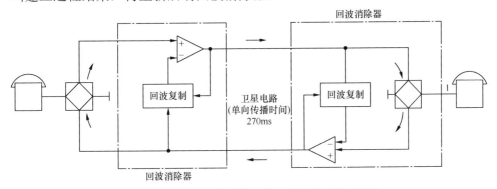

图 12-28　装有回波消除器的卫星链路等效原理图

（4）如果受某些条件限制，不可能把回波消除器装在卫星链路两端的汇接局内时，也可以把它们装在远离交换局的地方。但是必须保证，交换局能对回波消除器进行遥控。

（5）在一条全双工链路上，最好两端全装回波消除器，这时会得到比通常回波抑制好得多的效果；如果在一个传输方向上装回波消除器，在另一个传输方向上仍保留回波抑制器，虽然较之全用回波抑制器回波控制有所改善，但是不能发挥回波消除器的潜在效能。

（6）在特定情况下不要使用回波消除器。参见图 12-26。有时要这样组织一条四线电路：去向通路利用地面电路，返向通路利用卫星电路（这种用法称卫星系统处于"半跳"工作状态）。这时，为了增大回波防卫度，通常要在中继线路中加进 3dB 插入衰减。现场试验表明，这种电路的回波通路时延主要是返向支路时延（约 300ms），这时不用回波消除器就能提供足够好的传输质量；如果要用回波消除器反倒会引起一些不必要的麻烦。

第13章　用户二线双向数字传输

13.1　问题的提出

早期电话网中的用户终端就是一个普通电话机。电话机通过二线双向模拟传输系统与市话交换机相连，就构成了模拟用户环路系统。本章所要介绍的就是如何利用这种用户二线双向模拟传输系统来传输双向数字信号。为了说清这个问题的提出原因及解决办法，首先来介绍一下模拟用户环的工作原理。

图 13-1 给出了用户二线双向模拟传输原理图。从中可以看出，二线/四线转换与话筒/耳机隔离所用的器件是类似的。这就是混合线圈。当二线特性阻抗（Z_1）刚好等于平衡阻抗（Z_L）时，这种混合线圈能起到二线/四线变换作用。当二线接口 11′端接收到输入信号时，经变压器，在四线出口 22′端产生相应的输出信号，同时在四线入口 33′端也产生输出信号电压，但是 33′端是放大器的负载。由于放大器内阻较低同时又起着单向隔离作用，这种信号电压不会产生什么影响；当四线入口 33′端输入信号时，由于 $Z_1=Z_L$，变压器初级两段线圈相同，使得感应电动势抵消。故在四线输出口 22′端不会输出信号。而有用信号将通过用户二线送给电话机的耳机。可见，借助于混合线圈的二线/四线变换隔离功能，只需二线就可以实现双向模拟通话。如果没有混合线圈，这种双向通话要用四线传输。用两个混合线圈，就可以省去一半传输线。多年来，混合线圈生产工艺一再改进，近年已经做成集成电路，价格越来越便宜，而传输线材料价格（特别是铜线价格）多年来却无甚大变动。可见无论从技术角度或从经济角度看，混合线圈都是一件重大发明。以混合线圈、二线用户线和通用电话机为主体所构成的模拟用户环，已经成了世界电话网的基础标准结构。

第一次是数字化的冲击。20 世纪 70 年代末期，电信网数字化进程取得了突破性进展，这就是程控数字交换机和光纤数字传输系统，在技术体制和生产工艺等方面，都达到了可供工程推广应用的程度。随即开始大量建设数字交换局和数字长途及中继传输干线。于是人们提出了用户环路系统是否要数字化的问题。这个问题立即引起了国际电信界的关注。CCITT 经两年时间的研究讨论得出的结论是，要把数字化延伸到用户，但是不要废弃现存二线用户环路。具体地说，用户环路数字化要两条腿走路。其一是充分利用现存二线用户环路，把数字信号送到用户终端；其二是新建四线数字环路，把市话局与用户终端连接起来。前者就是本章要介绍的用户二线双向数字传输问题。

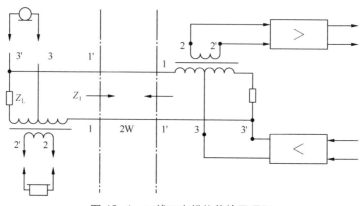

图 13-1　二线双向模拟传输原理图

第二次是业务综合的冲击。随着各种非电话电信业务的出现，以及业务量的逐渐增加，到 80 年代初国际上关于综合业务数字网（ISDN）的研究明显地加快了。关于 ISDN 的第一批国际建议（即 CCITT 的 I 系列建议）已经问世。其中要求把承载多种业务的数字信号直接送到用户。于是提出了，经过改造的用户二线双向数字传输系统能否提供多种业务的问题。把多种业务合成一体送到用户，需要较高的传输速率，例如，要高于基群速率（2048kbit/s）。另一方面，从现存二线传输系统本体而言，它可能提供的传码速率是相当有限的。例如，低于基群速率（2048kbit/s）。显然，这是一种难以调和的矛盾。要想把承载包括可视业务在内的多种业务的高速数字流直接送到用户终端，就不能用现存二线系统；如果保留现存二线系统，就不可能把宽带信息以数字形式送到用户。这又遇到了技术性能与经济费用均衡的问题，但是一些国家提出了一种折中的解决办法。根据目前电信网总业务量中，电话业务约占 95%；而且在可以预见的将来，电话业务仍将占绝对优势。因此可以把业务综合分为两个阶段，即以数字电话为基础与传真、低速数据等非电话业务综合形成的窄带综合阶段；以数字电视为基础与其他所有业务综合形成的宽带综合阶段。这样，现存用户二线双向数字传输系统就可以作为窄带 ISDN 的用户传输系统；用新设置的用户光缆传输系统作为宽带 ISDN 的用户传输系统。直到光缆用户传输线完全取代金属用户传输线，最终形成完全的 ISDN。

综上所述，用户二线双向数字传输系统可以作为窄带 ISDN 的用户环。这样做，在总体上可以满足技术要求；在经济上也是合理的。而且采用这种方案，在相当长的时期内可以为用户提供满意的服务。因此，提出并解决用户二线双向数字传输问题，技术上是必要的，经济上也是值得的。

13.2　系统构成

图 13-2 给出了几种可能的用户环路系统例子。其中包括经典的、也是最简单的模拟电话用户环路；用现存金属实线提供的窄带综合业务用户数字环路；用光缆提供的宽带综合业务用户数字环路；用无线通道提供的宽带综合业务用户数字环路等。表 13-1 给出了利用金属线提供的二线时分传输系统的典型参数；表 13-2 给出了用光纤传输系统提供的宽带用户环的系统参数；表 13-3 给出了数字用户无线电系统的典型参数。

表 13-1　　　　　　　　　　金属二线时分传输系统典型参数

项　目	参　数	说　明
传输内容	64kbit/s+64kbit/s+16kbit/s（信息）　（信息）　（信令）	144kbit/s 双工
适用电缆	塑料绝缘电缆、纸介电缆	
线路衰耗	最大 42dB	相对 100kHz
传输码型	AMI 码	带加密
供电方式	28mA（恒流）	与脉冲信号重叠
供电电压	最大 60V（线间压）	由交换机供电
线路直流电阻	最大 1000Ω	
适用距离	最大 7km	发/收字符无重叠距离

表 13-2　　　　　　　　　　　光缆传输系统典型参数

项　目	参　数	
线路速率	6312kbit/s, 8448kbit/s	
线路编码	CMI	
波　长	0.81μm, 0.89μm	1.2μm, 1.3μm
光　源	GaAIAS-LD	InGaAsP-LD
光接收机	Si-APD	Ge-APD
光　缆	梯度指数光缆	
	< 3.0dB/km	< 1.2dB/km
中继距离	> 7km	

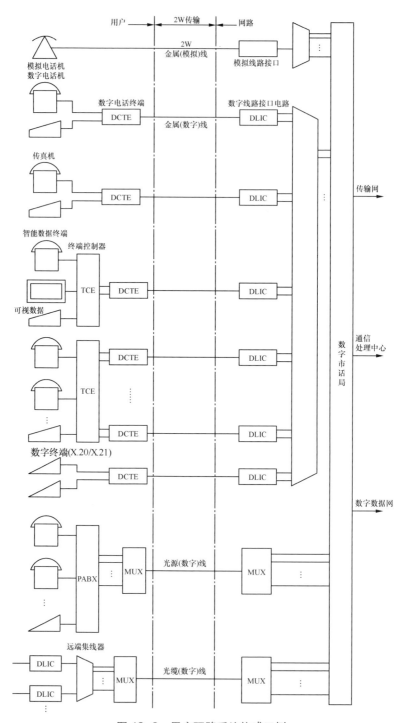

图 13-2　用户环路系统构成示例

表 13-3　　　　　　　　　　　数字用户无线传输系统典型参数

项　目	参　数
频段	26GHz
钟频	16 384kHz
用户数	～100/每频道
用户速率	64kbit/s～2Mbit/s
服务区半径	7km
输出功率	20dBm
基地站天线	90°扇形 4 个；全向；增益 20dB
用户天线	卡塞格伦（30～60cm）；增益 35～41dB
调制	DFSK
业务量	0.15Erl
呼损比	0.01

　　用户二线双向数字传输系统是由远端传输终端、用户线及近端传输终端组成的。远端及近端传输终端，完成 ISDN 建议中规定的第一类网络终端（NT_1）功能。这些功能包括，线路传输终端功能、第一层线路维护和性能检测功能、定时功能、电流变换功能、第二层复用功能以及接口功能。

　　本章内容只限于介绍二线双向数字传输系统所采用的二线双向传输技术原理。这种双向传输技术也正是这种系统的核心技术。目前提出了不少技术方案，本章将介绍频分复用、时分复用、自适应数字混合及自动去耦 4 种技术方案。

13.3　频分复用（FDM）方案

　　图 13-3 给出了用户二线双向数字传输的频分复用方案简图。顾名思义，这种方案是用两个不同频率的载波分别传送两个方向上的信号。图 13-3 中，滤波器 F_1 与滤波器 F_4 有相同的通带，形成 A 到 B 方向的传输信道；滤波器 F_3 和 F_2 也有相同的通带，形成 B 到 A 方向的传输信道。这两个方向上的传输信道都是数字形式的。

　　在具体实现这种 FDM 方案时，要考虑技术性和经济性。故采取了各种比较合适的具体技术。例如，在信号设计上，两个方向可以采用不同形式的编码。A 到 B 方向选用每个符号填充一个周期的双相码；B 到 A 方向选用每个符号填充 3 个周期的双相码。这样既能区分开码型又能摆开频谱。两个发送滤波器（F₁和F₃）采用横向数字滤波器，这样既便于与理想数字信号匹配又可以把频带做得更窄；两个接收滤波器（F₂ 和 F₄）采用模拟滤波器，因为接收信号加噪声在未重新识别再生成纯净数字信号之前，不便使用数字滤波器。出于技术考虑，中心频率较高的频带要用较少的滤波级数，例如四级滤波；而中心频率较低的频带要用较多的滤波级数，例如七级滤波。

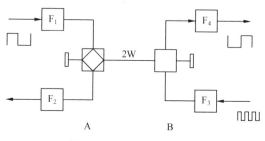

图 13-3　FDM 方案简图

这种方案机理比较直观，但是设备不一定简单。由于采用频分机理工作，对信道匹配和信号反射可能比较敏感；由于两个频带分开，系统占用的总频带就比较宽，因而对外界频率干扰比较敏感，这就限制了传输距离。该系统以固定方式工作，不存在自适应调整或其他过渡过程的影响，故系统激活时间及中断恢复时间都比较短。

13.4　时分复用（TDM）方案

图 13-4 给出了用户二线双向数字传输的时分复用方案工作原理图。先以从 A 端向 B 端传送信号为例说明其工作原理。连续发送数字信号（a），经发送压缩单元，压缩成为聚集的脉冲群（b），称为突发或包特（burst）。然后经用户二线把这个突发信号从 A 端传到 B 端，成为 B 端的接收信号（C）。这里要说明两点：其一，在 A 端发送这个突发信号时，A 端的接收单元和 B 端的发送单元都是不工作的，即只有 B 端的接收扩展单元处于接收工作状态；其二，在该突发信号通过用户二线过程中，在二线内不存在其他信号，或者在该突发信号进入二线之前或送出之后的某个时间间隔内，二线是空闲的。（C）信号经接收扩展单元，恢复成为连续的数字信号。这种突发发送是周期重复的，因而能把整个连续数字信号从 A 端发送到 B 端。从上述工作过程可知，脉冲密度压缩比就等于二线有效利用的时间比，即相当大的时间比例二线是空闲。因此就可以利用这些空闲时间传输从 B 端到 A 端的数字信号。从 B 端向 A 端

传送连续数字信号（a'）经历同样的压缩（b'）、传输（c'）和扩展（d'）过程。这样，利用用户二线就实现了数字双向传输。这种传输过程是双方交替传递各个突发信号，如同打乒乓球那样，故也称为乒乓传输法。

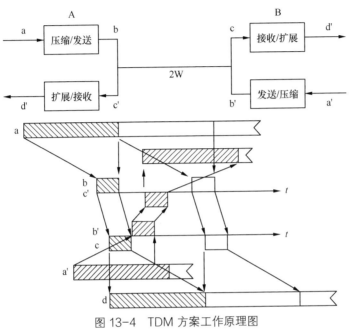

图 13-4　TDM 方案工作原理图

下面来介绍时分复用过程的基本数量关系，参见图 13-4。这种工作是周期性重复的。重复周期 T_r，连续数字信号传码速率 f_0，压缩后的突发宽度为 T_c，突发期间的传码速率 f_i，信号通过二线系统的经历时间，即传输延时为 T_d。如果在一个重复周期的起点，A 端立即发送 A 到 B 向突发，B 端收完一个突发后立即发送 B 到 A 向突发，并且 A 端收完这突发立即开始下一个重复周期。这就可以求出容许的最大传输时延：

$$T_{dmax} = \frac{1}{2}T_r - T_c$$

一旦系统设计确定之后，T_r 和 T_c 的数值也就确定了，那么该系统容许的最大传输时延也就确定了。但是，通常这类系统不一定工作在最大传输时延情况下。这时在每个重复周期内尚有一定的时延余量 T_g。这时存在关系式为：

$$T_{dmax} = T_d + T_g / 2$$

当传输线缆确定之后，单位距离上的时延 k 也就确定了，则传输时延与传输距离 L 的关系为

$$T_\mathrm{d} = kL$$

鉴于在一个重复周期内,连续数字信号的全部码元要以突发形式全部传给接收端,则存在如下关系式:

$$\frac{f_\mathrm{o}}{f_\mathrm{l}} = \frac{T_\mathrm{e}}{T_\mathrm{r}}$$

从而求得 TDM 方案的基本关系式为

$$\frac{f_\mathrm{o}}{f_\mathrm{l}} = \frac{1}{2} - \frac{kL + T_\mathrm{g}/2}{T_\mathrm{r}}$$

例如,均匀码流速率 $f_\mathrm{o}=64\mathrm{kbit/s}$,采样周期 $T_\mathrm{r}=125\mu\mathrm{s}$,线路突发传码速率 $f_\mathrm{l}=256\mathrm{kbit/s}$,电缆每公里时延时间 $k=5\mu\mathrm{s/km}$,时延余量 $T_\mathrm{g}=22.5\mu\mathrm{s}$,则求得传输距离 $L=4\mathrm{km}$。当不留时延余量 $T_\mathrm{g}=0$,则求得最大传输距离 $L_\mathrm{max}=6.25\ \mathrm{km}$。

上述计算是在理想条件下,根据 TDM 方案基本原理做的计算。求得的传输距离是理论上最大可能的距离。实际上如果考虑到其他因素,例如,各类干扰影响,实际可能的传输距离要短些。

图 13-5 给出了 TDM 方案的结构原理图。图 13-6 给出了 TDM 方案具体方框图。这是二线系统远端组成原理图,近端组成与此类似。主体是线路传输单元、电路终端单元和定时控制单元 3 个部分。此外,还有供电单元和用户终端接口单元两个配合部分。来自话筒的话音模拟信号,经低通滤波器和编码器,进入数字话音信号压缩单元;来自拨号键盘的数字脉冲信令信号进入信令数字压缩单元;两类经过压缩的数字信号进入复接器形成待发送的脉冲突发;经插入帧定位信号,把二进制信号变成双极性线路传输信号,经二线传输发给对方。这就是 TDM 系统的发送过程。来自对端的信号,经突发识别单元识别出来,立即接通接收通路;经自动增益控制、均衡放大之后,再把这种线路传输用的双极性信号变成标准二进制信号;经帧同步调整送给分接单元;分离出信息信号和信令信号,分别经各自的扩展器形成均匀码流;话音数字信号经解码器和低通滤波器恢复成为话音模拟信号,最终送给耳机;经扩展恢复的信令信号送给话机振铃或执行其他信令功能。这就是接收过程。整个接收与发送过程都是受定时部分控制协调的。均衡放大单元输出的位定时信号和突发检测单元输出的突发定时信号,经定时提取单元提纯,再经锁相倍频器变换,得到作为终端定时基准的位定时、突发字组定时及帧定时信号。用这些信号控制整机周期性运行过程。此外,由二线提供的直流通路还可以传递主被叫启动信号和提供远端供电能力。上述提到的是仅有一个数字电话机的情况,实际上,该终端也可以提供多条通路接口,例如同时传话音数字信号、数字

数据信号和数字信令。

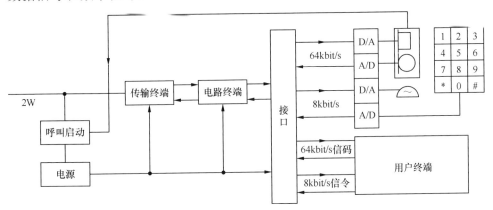

图 13-5　TDM 方案结构原理图

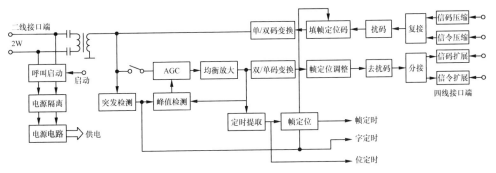

图 13-6　TDM 方案方块图

考虑到每个市话用户到市局间的距离不等，要使得接收信号电平保持稳定，必须有自动增益控制单元。由于用户线路存在一些桥接（分支）点，由于阻抗不均匀而产生信号反射，会使接收信号波形畸变。为此，在接收系统中必须采用自动均衡电路。压缩/扩展单元是由普通缓冲存储器与少量控制电路组成的，它可以利用随机存储器、移位寄存器或弹性存储器来做主体。例如，用 256bit 弹性存储器大规模集成电路 256ES 就可以完成这种压缩/扩展功能。其他定时控制单元及复接/分接单元没有什么特别之处，这些都可以借用其他网络终端的类似电路。

这种 TDM 方案技术比较成熟，而且由工作机理决定，这种方案具有良好的克服近端串话影响的能力。这种方案的主要不足是，在目前模拟电路和数字电路混合使用的情况下，因摘/挂话机和拨号等形成的突发脉冲干扰，会增加误码。此外，受串话噪声所形成的干扰影响，传输距离受到限制。总的来说，这种 TDM 方案，适合于在用户线较短（例如 2km 以内）的场合使用。

13.5 自适应数字混合（ADH）方案

图 13-7 给出了用户二线双向数字传输的自适应数字混合（Adaptive Digital Hybrid，ADH）方案。可以看出这种终端主要是由混合线圈和回波抵消器两部分组成的。众所周知，混合线圈本来就有收发隔离作用，例如在话音频带内，混合线圈的隔离衰减 L_{atb} 可以大于 15dB。但是对于数字信号来说，由于频带过宽和信号过强，这时发送数字信号回串到接收通路中的近端串扰电平，就要远远超出规定要求。因此单用混合线圈就不能通过二线来传送双向数字信号。如果与混合线圈并联一个回波复制网络，这个回波复制网络与混合线圈有类似的传递特性，那么把通过混合线圈产生的真实回波与通过回波复制网络产生的复制回波相减，就达到了回波抵消的目的。因而在接收支路中，不再有来自发送支路的串扰信号。可见，ADH 方案的工作原理是基于回波抵消原理。或者说，ADH 方案就是回波抵消技术在用户线双向二线数字传输系统中的具体应用。

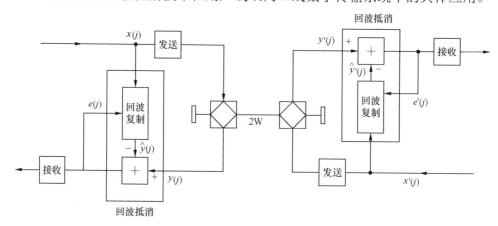

图 13-7　ADH 方案简图

图 13-8 给出了 ADH 方案工作原理图。回波抵消单元的主体就是一个自适应数字滤波器。$x(j)$ 是发送信号，$y(j)$ 是通过混合线圈的回波信号，$\hat{y}(j)$ 是通过数字滤波单元模拟出来的复制回波信号，误差信号 $e(j)$ 是 $y(j)$ 与 $\hat{y}(j)$ 之差。其中：

$$\hat{y}(j)=\sum_{i=0}^{N-1} h_i \cdot x(j-i)$$

加权系数 h_0、h_1、$\cdots$、h_{N-1} 是滤波参数。这些参数受误差信号 $e(j)$ 的控制。$e(j)$ 就是串到接收支路的残差信号。这种回波残差收敛的快慢以及最终残留数值的大小，取决于数字滤波所采用的算法及参数选择。已经证明，当选用 SSIA 算法时，收敛性能可以做到: 经过 500ms 调整之后, 回波抑制达到 27dB; 稳态抵消性能优于 35dB。

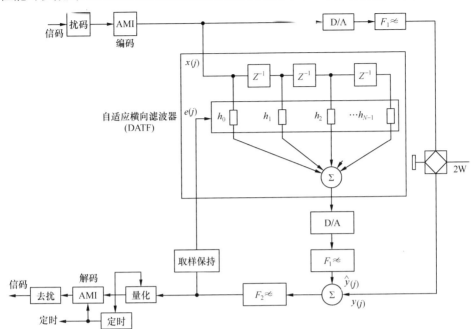

图 13-8　ADH 方案工作原理图

图 13-9 给出了实现 ADH 系统的 4 种具体方案。最终目标是用一块 MOS LSI 器件实现具有下述功能的 ADH 系统: 混合线圈回损 10dB; 在 5km 距离上衰耗 40～45dB; 传输速率为 160kbit/s。要求实施回波抵消之后的信噪比为 20dB, 对回波抵消到 50～55dB。

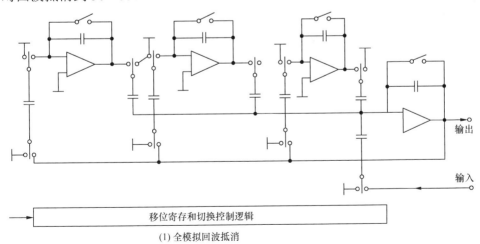

(1) 全模拟回波抵消

图 13-9　实现 ADH 系统的 4 种具体方案

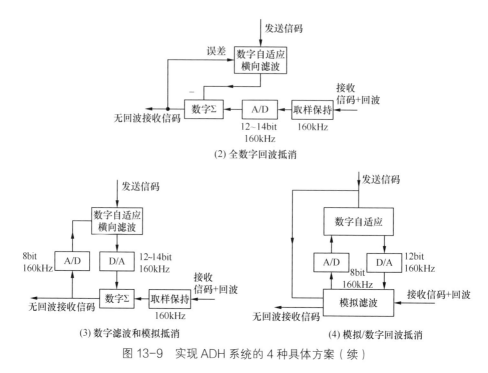

(2) 全数字回波抵消

(3) 数字滤波和模拟抵消　　　　　　　(4) 模拟/数字回波抵消

图 13-9　实现 ADH 系统的 4 种具体方案（续）

（1）全模拟方案

参见图 13-9（1）。这种方案用切换电容技术实现模拟回波抵消。横向滤波器各系数存在各积分器中，通过切换电容改变二进制加权，自适应运算通过切换电容来实现。这种方案在其采样速率与数据速率同步时，可以完成回波抵消功能。但是在异步工作条件下却不能达到上述规定指标，因而不便采用。

（2）全数字方案

参见图 13-9（2）。这种方案比较直观容易理解。主要问题是目前还不可能用一个单片来完成本方案的全部技术过程。具体地说，就目前的工艺水平，用 MOSLSI 还做不出来 160kHz、12～14bit 的具有足够精度和线性的 A/D 变换器。因而这种方案目前还不便采用。

（3）采用模拟抵消的数字回波抑制方案

参见图 13-9（3）。这种方案尽管不再采用 160kHz、12～14bit 的 A/D 变换器，但是要用到 160kHz、12～14bit 的 D/A 变换器，才能保证回波抵消要求。12～14bit 的 D/A 变换器要比 12～14bit 的 A/D 变换器容易做些。可见，方案（3）比方案（2）更为现实些。

（4）模拟/数字回波抵消方案

参见图 13-9（4）。这种方案兼有数字与模拟处理的长处，并且可以使用位数较少的 A/D 和 D/A 器件。这种方案直接受发送数字信号控制，回波复制采用数字自适应技术，接收支路采用模拟滤波。数字自适应单元与模拟滤波单元之间接口，采用 8bit A/D 变换器件和 12bit D/A 器件。此处虽然仍然要用到 12bit D/A 器件，但是，数字自适应技术能够补偿由 D/A 变换非线性所引入的抵消误差。因此系统最终的抵消残差只取决于 A/D 量化误差。其中 8bit A/D 变换精度是比较容易保证的。因为这种方案对器件精度要求最低，所以 20 世纪 80 年代初期就研制成了这种 ADH 终端，对回波抵消到 50～55dB。

ADH 方案由于发送和接收共用频带，故频带位置可以放得低些。在较低的频带上，外界干扰比较小。此外，在工作机理上对传输距离没有机理性限制。所以 ADH 方案传输距离较远，而且具有较好的抵抗外界干扰能力。但是 ADH 系统包含自适应调整器件，因此存在误码突变门限，即在信噪比降到一定程度时，误码特性会突然变坏。另外，由于存在收敛过程，系统激活时间及短时中断的恢复时间，较之其他系统要长些。为改善误码门限、收敛及恢复时间指标，要求充分改善数字滤波器的控制方式、收敛及稳定过滤性能。现在，ADH 方案技术已渐成熟，例如，已经出售通用 ADH 集成电路：DNIC（MT 8972）。这就为推广应用创造了有利条件。

13.6　自动去耦（AGE）方案

图 13-10 中给出了自动去耦（AGE）方案的工作原理图。这种方案采用单频全双工工作方式。方案主体是一个自动调节去耦装置。它是一个由电阻 R_1、R_2、二线输入阻抗 R_W 及可调网络 N 的阻抗 R_N 所构成的电桥。可调网络 N 受 A、B 两点的电压差调节。当调整得 R_N 接近 R_W 时，误差信号趋于最小，这时电桥接近平衡。如果调整得完全平衡，当四线输入端有输入信号时，则四线输出端就不会有什么反应。这就达到了四线输出端与四线输入端隔离的目的。这时四线输入信号经过 AGE 装置可以通过二线接口输出信号。当二线接口有信号输入时，可以通过 AGE 装置送给四线输出端。同样，信号也会送到四线输入口上。但是，四线输入端接在放大器输出端上，其内阻很小，故不会对四线输入端有什么影响。

值得注意的是，AGE 电路的平衡调节是靠提取数字信号的平均值来建立和保持的。因此要求在各种信号组合的情况下，都要保持组合信号平均值不发生变化。例如，可能只有四线输入信号，或者只有二线输入信号，或者兼而有之，但都得保持信号总均值不发生变化，这时才能保持电桥平衡。为此选择了特定的"条件双相码（CDP）"。这种码型每个码元起点都通过零点；每个二进

"0"的间隔中心也通过零点。这样，当选择时间常数足够大时，正、负电压的算术平均值就保持稳定。

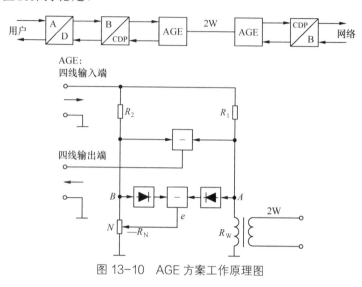

图 13-10　AGE 方案工作原理图

　　测量和计算表明，当要求四线输出端信噪比为 10dB，二线传输衰减为 24dB 时，在 16kbit/s 到 64kbit/s 速率范围内，用 0.5mm 线径电缆能传 5km；用 1mm 线径电缆能传 14km。当二线输入阻抗为 100Ω时，去耦衰减可做到 28dB；1000Ω 时，去耦衰减为 37dB；其间最大去耦衰减可达到 54dB。

　　但是，这种 AGE 方案的弱点在于随着用户二线衰减的进一步增大，要求去耦衰减越来越严。因而去耦调节装置越趋于复杂，调节越趋困难。因此，目前这种方案只能用于 10kbit/s 以下的电路。这种方案的优点是既能用于 FDM 信号双向传输，又能用于 TDM 信号双向传输。但是受工作速率限制无法用于电话系统。

13.7　方案比较

　　关于用户二线双向数字传输的可能用于电话系统的 3 种主要方案，即 FDM、TDM 和 ADH 方案，瑞典于 1982 年通过试验做了比较全面的比较。现把主要内容归纳如下。

1. 试验条件
试验线路采用同缆共容系统。

带内信号包括：载波系统承载的正弦调幅信号（输出电平为 0dBm 的 76kHz 和 32kHz 信号）；PCM 系统承载的数字信号（输出电平为 13dBm 的 0.7Mbit/s 和 2Mbit/s 的 AMI 和 HDB₃ 信号）；基带调制信号（输出电平为 6dBm 的 64kbit/s 双相码信号）；呼叫计数脉冲（输出有效电压为 1.5～2.5V 的 12kHz 脉冲），拨号脉冲（输出峰值电压为 40V 的 10Hz 脉冲）。

干扰信号包括：带外干扰信号（长波调幅无线电信号）；干扰噪声信号（电平为 -60～-40dBm）；串话干扰信号（来自同缆共容的其他系统的干扰）。

最大容许输出电平计算：最大容许输出电平受环内同缆共容系统限制。这些系统对于判决点上的噪声电平范围有一定限制，计算结果见表 13-4。

表 13-4　　　　　　　　最大容许输出电平计算结果

系　统	输出电平（dBm）	约　束　来　源
FDM	3	ASCCS 及 0.7Mbit/s PCM 线路系统
TDM	6	0.7Mbit/s PCM 线路系统
ADH	0	ASCCS

二线系统最大距离计算：二线系统最大距离的定义是误码率等于 1×10^{-7} 的距离。最大距离受高斯噪声干扰、正弦干扰、突发脉冲干扰限制以及来自其他二线系统串话的限制。计算数据见表 13-5。

表 13-5　　　　　　　　　最大距离计算结果

最大距离（km）			约束来源
FDM	TDM	ADH	
3～4	3～4	3～4	突发脉冲（例如拨号脉冲）干扰
4.0	4.6	6.3	高斯噪声干扰
>4.6	>4.6	>4.6	正弦干扰，例如 ASCCS、无线电

2. 实验室测量结果

距离与误码的关系：

测量条件：用 0.5mm 电缆，无外界干扰，输出电压取标称值。测量结果见表 13-6。

表 13-6   误码测量结果

线路长度(km)	平均误码率		
	TDM	FDM	ADH
0~2	0	0	0
2~4	4×10^{-9}	0	0
6.5	4×10^{-8}	1×10^{-8}	0
7.0	4×10^{-7}	4×10^{-8}	$\sim 2\times10^{-7}$
8.0	1×10^{-6}	1×10^{-7}	$>1\times10^{-2}$
8.5	1×10^{-5}	1×10^{-2}	$>1\times10^{-2}$

对于 0.5mm 线径的电缆而言，按最大环路阻抗为 1200Ω 的要求，长度约为 6.5km。在这个距离以内，所有传输方案的平均误率都小于 1×10^{-7}，即都满足使用要求。其中，TDM 和 FDM 两种方案，随距离增加，误码也连续增加；ADH 随距离增加，在 7km 时，误码突然急剧增大。实验证明，这种突变是由于自适应回波抵消器收敛破坏引起的。这是具体实现技术上的缺陷，而不是体制机理性的缺点。如果改善自适应回波抵消器的收敛控制方式，就会改善 ADH 方案的误码特性。

线路信号反射干扰：

测量表明，FDM 方案对线路信号反射最为敏感；由于 ADH 方案采用回波抵消滤波器，所以也受线路信号反射的影响。

同缆及外部系统的干扰：

在试验用 0.5mm，6.5km 电缆传输系统，模拟了来自其他系统的串话干扰。测试结果见表 13-7。

表 13-7   串话干扰测试结果

干扰种类	被测终端	平均误码率			$BER\leqslant1\times10^{-5}$ 干扰电平的保护度		
		TDM	FDM	ADH	TDM	FDM	ADH
同类系统	ET	1×10^{-5}	0	0	1	2	9
	ST	1×10^{-6}	0	0	2	15	10
拨号脉冲	ET	0	0	0	4	11	15
	ST	1×10^{-4}	1×10^{-5}	0	-1	0	9
64kbit/s 双相码	ET	$>1\times10^{-2}$	0	0	-4	6	6
	ST	$>1\times10^{-2}$	1×10^{-4}	0	-3	-1	6
0.7Mbit/s AMI	ET	$>1\times10^{-2}$	1×10^{-2}	0	-8	-5	8
	ST	$>1\times10^{-2}$	0	0	-8	10	9
窄带系统	ET, ST	0	0	0	>9	>7	>14

从上述测量结果可以看出，在多数干扰情况下 FDM 系统都不同程度地受到影响，严重的甚至不能正常工作；TDM 方案虽然仍能工作，但是误码率往往超出了限制数值；ADH 方案不受其影响，而且有足够大的干扰电平保护度。之所以有这样的测量结果，主要是因为 ADH 方案工作频率较低，而在较低频率的频带上串话较小。其次，TDM 和 FDM 方案尽管不受近端串话的干扰，但是却受来自各个线路桥接点上的远端串话的干扰。

系统激活时间：

系统激活时间是指，从局侧终端（ET）开始发送，直到用户侧终端（ST）能正确检测出信息所经历的时间。测量结果见表 13-8。可以看出，TDM 和 FDM 系统能很快被激活。并且在高电平激活过程中，这样短的激活时间不会引起任何问题。而 ADH 系统激活时间却达到秒量级。在电源已经接通的情况下，在 1～2s 量级；在断开之后，又重新接通线路的情况下，激活时间达 8～10s 量级。这是难以接受的，不过现在已经找到了更好的解决办法。

表 13-8　　　　　　　　　　　激活时间测量结果

系统激活时间（ms）	TDM	FDM	ADH（1）	ADH（2）
平均值	5	2	1300	8000
最大值	15	20	2300	10 000

短时中断：

试验中模拟了短时中断。测量恢复时间表明，在某些情况下，ADH 系统在一次 100ms 的中断之后要经历 350ms 的恢复时间。这大约是 TDM 和 FDM 系统恢复时间的 35 倍。

3.　现场测量

1982 年共测量了 74 个系统，统计结果见表 13-9。在测量条件下，平均误码率不超过 1×10^{-7} 的系统数与总被测系统数之比，称为通透度。在标称输出电平情况下，在不同的距离上测量通透度。

表 13-9　　　　　　　　　　　通透度测量结果

	距离（km）	被测系统数	TDM	FDM	ADH
测量	0～1	3	100%	100%	100%
	1～2	23	100%	100%	100%
	2～3	14	100%	100%	100%
	3～4	15	100%	56%	100%

续表

	距离（km）	被测系统数	TDM	FDM	ADH
测量	4～5	9	56%	56%	78%
	5～6	6	67%	84%	67%
	6～7	1	0%	0%	0%
	7～8	3	67%	33%	67%
平均	0～8	74	89%	84%	92%
	4～8	19	58%	47%	68%

测量结果表明，直到 4km 的距离，TDM 和 ADH 系统具有 100%的通透度；在 3km 距离的 FDM 系统也具有 100%的通透度。超过 4km，所有方案的通透度都明显下降。这时，ADH 比较好些（68%），TDM 居中（58%），FDM 较差（47%）。

4. 性能比较

实验室内测量结果表明，存在同缆干扰时，ADH 方案传输距离较大；TDM 和 FDM 方案的传输距离约为 ADH 方案的 70%。

野外试验表明，TDM 和 ADH 方案直到 4km 距离上，仍有 100%的通透度，而 FDM 方案的 100%通透度只限于 3km 以内。在被测的 74 个系统中，平均有 84%的 FDM 系统，89%的 TDM 系统和 92%的 ADH 系统，达到了 $1×10^{-7}$ 平均误码率的通透度。

可见，在 3 种可行的双向二线数字传输方案中，ADH 较好，TDM 居中，FDM 较差。测量同时表明，即使在较好的方案中，仍然存在一些尚待解决的问题或者尚待改善的技术。

结　语

众所周知，利用卫星数字传输、光缆数字传输和程控数字交换不足以构成综合业务数字网。一般说来，这些骨干技术设备还要配合一些数字网专用技术设备，才能构成现实的电信网络。在组网过程中，这些数字网专用技术有的是不可缺少的（例如网同步类技术设备）；有些专用技术虽然不是必须采用的，但是采用之后会使得骨干设备更为有效（例如效率类技术设备）；有时只有使用这些技术的设备（例如兼容互通类技术设备）才能达到特定目的。因此，这些不被人们那么注目的数字网专用技术，在短时间内迅速地发展起来了。

本书介绍的 4 类 12 种数字网专用技术，从结构角度看，一部分（如数字复接、线路集中、话音内插、局钟、复用变换、编码变换和回声控制 7 项）会形成单独的整机；另外一部分（如帧调整、速率适配、接口码型变换、扰码和用户二线双向数字传输 5 项）只能形成单独的部件或电路。从工程应用角度来看，一小部分（如局钟、复用变换等）虽然不可缺少，但是不会大量使用；绝大部分（如数字复接等其余各项）则要大量重复使用。所有这些数字网专用技术设备在通信网工程中应用的普遍特点是配合应用。有的只有配合应用才能完成特定功能；有的配合应用比单独应用更为有效。配合应用包括专用技术与骨干技术设备的配合应用以及专用技术之间的配合应用。

骨干技术设备与专用技术设备配合应用，才能构成完整的有效的系统。例如：数字传输、数字交换、局钟及帧调整配合构成完整的网同步系统和中继交换网（参见图 1）；例如：卫星传输系统与回声控制设备及话音内插设备配合使用，才能构成符合使用标准的高效率的远程电话系统。

各项数字网专用技术之间配合应用会更为完善地或更为有效地完成一项特定功能。例如：S 型复用转换器、P 型复用转换器与复用系统变换器（MSC）相互配合应用，会把世界现存的 3 种网系（模拟通信网、A 律数字通信网和μ律数字通信网）彼此沟通起来（参见图 2）；数字复接器、线路集中器、话音内插设备和编码变换设备（容量倍增器）4 种传输效率类技术设备配合使用，会更有效地提高传输效率。如果把这 4 种技术结合起来使用，会形成性能更好、设备更简单的综合型专用设备（参见图 3）。

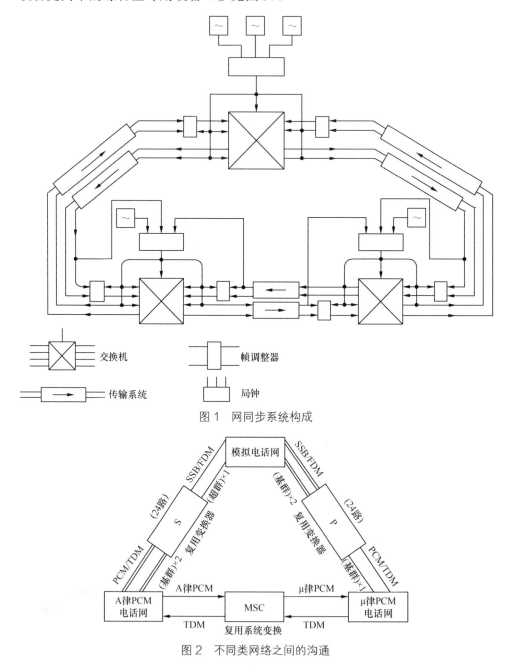

图 1 网同步系统构成

图 2 不同类网络之间的沟通

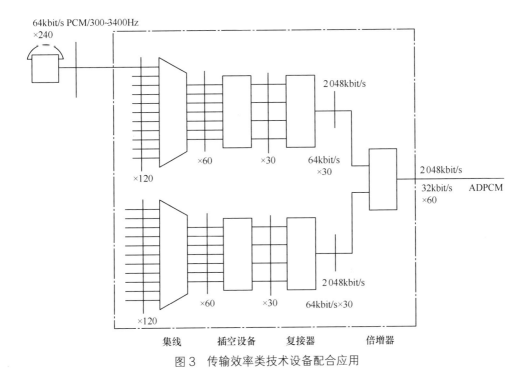

64kbit/s PCM/300~3400Hz
×240

×120

×60

×30

64kbit/s
×30

2 048kbit/s

2 048kbit/s

32kbit/s
×60

ADPCM

×120

×60

×30

2 048kbit/s

64kbit/s×30

集线　　　　插空设备　　　　复接器　　　　倍增器

图 3　传输效率类技术设备配合应用

　　本书概要介绍的 12 种数字网专用技术，相应地涉及几十种数字网专用设备。这些技术设备，就国际而言，几乎都渡过了研究开发阶段，并普遍推出了初期产品，个别的已经在工程中推广使用。与此同时，这些技术设备几乎都有了相应的 CCITT 建议标准。个别的虽然尚未形成 CCITT 建议文本，但是也有了建议草案或资料性文本。

参 考 文 献

1. 参考论文

[1] D.S.Smith: Operational Evaluation of a Voice Concentrator Over AUTOVON Interswitch Trunks.IEEE Trans.Commun.Vol.COM-30，No. 4 1982 pp 792-802.

[2] P. A. Vachon: Evolution of COM2， A TASI Based Concentrator. ICC′ 81.

[3] 人烟稀少地区通信方式《国外电信技术》1981.9.

[4] 环路集中器的现状和未来《国外电信技术》1981.12.

[5] R. J. Canniff: A Digital Concentrator for the SLC^{TM}-96 System.BSTJ Vol. 60，No. 2，1981 pp121-158.

[6] 数字农村用户系统《国外电信技术》1984.7.

[7] J.M.Fraser: Over-All Characteristics of a TASI System.BSTJ Vol.XL1，No.4，1962 pp1439-1454.

[8] 国内通信用的数字话音插空终端的设计《国外电信技术》1981.3 NTC′ 1978.3

[9] R. Woitowitz The effects of Speech Statistics in an Instantaneous Priority Speech Intepolation System.Proc. ICC′ 78 Vol.III，pp50.1.1-50.2.5.

[10] S.J.Campanella: Digital Speech Interpolation technques.Proc.NTC1978, pp14.1.1-14.1.5.

[11] J.P.Adoul: Digital TASI generalization with voiced/unvoiced discrimination for tripling T1 Carrier Capacity.Proc. ICC′ 77, pp 310-314.

[12] K. Amano: Digital TASI System in PCM Transmission.IEEE ICC′ 69, pp34.23-32.28.

[13] E. Lyghounis: Speech interpolation in digitial transmission system.IEEE Trans.on Com.Vol.COM-22 1974, pp1179-1189.

[14] R. Maruta: Design on a DSI terminal for domestic application.Proc.Nat.Telecommun. Conf 1978, pp14.3.1-5.

[15] K. Nosaka: TTT System-50 MBPS PCM-TDMA System with Time-Preassignment and TASI Features Intelsat/IEE International Conference On Digital Satellite Communiucation 1969, pp83-94.

[16] K. Amano: Digital TASI System in PCM Transmission. ICC' 69，34-4.

[17] G. M.Costa: Use of ATIC System to TDMA via Satellite. Intelsat/IEE IC on DSC.1969, pp532-542.

[18] J.A.Jankowski: A new digital voice-activated switch.COMSAT Technical Review Vol.6, No.1, 1976, pp159-176.

[19] D.Lombard: Digital Speech Interpolation in Satellite Systems.IEEE- ICC' 75.

[20] J.E.Flood: Use of Simple predictive techniques to increase the Capacty of PCM Systems Proceeding of the Institution of Electrical Engineers.

[21] G. G. Langen: Efficient Coding and Speech Interpolation: Principles and Performance Characterization IEEE Trans .on Com.Vol.COM-30，No.4 1982, pp769-779.

[22] M. S. Nakhla: Analysis of a TASI System Employing Speech Storage.1982, pp780-785（ICC' 81）.

[23] D. H. A.Black: PLC-1: A TASI System for Small Trunk Groups.1982, pp786-791.

[24] R. L. Easton: TASI-E Communications System.1982 pp 803-807 Y.Yatsuzuka.

[25] Highly Sensitive Speech Detector and High-Speed Voiceband Data Discriminator in DSI-ADPCM.IEEE Trans.on Com.Vol.COM-30，No.4 1982, pp739-749.

[26] Y.Yastuzuka: High-Gain Digital Speech Interpolation with Adaptive Differential: PCM Encoding, pp750-761.

[27] H. L. Gerhäuser: Digital Speech Interpolation with Predicted Wave length Assignment (PWA), pp762-768.

[28] P. G. Drago: Digital dynamic Speech detectors.IEEE Trans.Commun.Vol.COM-26 1978, pp140-145.

[29] J. A. Jankowski A New Digital Voice-activated Switch.COMSAT Tech.Rew.1976, pp159-178.

[30] J. A. Sciulli: Systems engineering considerations in DSI applications.Proc.Nat. Telecommun.Conf 1978, pp14.2.1-14.2.5.

[31] Y. Yatsuzuka: Discrimination of Speech and high-Speed Voiceband data using predictor for DSI application.Proc Nat.Telecommun.Conf 1981.

[32] J. M. Elder: A Speech Interpolation System for Private Networks.Proc.NTC 1978, pp14.6.

[33] P. A. Vachon: Evolution of COM2，A TASI based Concentrator.ICC' 81.

[34] G. R. Leopold: TASI-B-A System for Restoration and Expansion of Overseas Circuits.Bell Lab.Rec.1970, pp299-306.

[35] E. F. O' Neill: TASI，Time Assignment Speech Interpolation.Bell Lab.Rec.1959.

[36]　M. B. Saunders: The Realization of A TDMA/DSI Terrestrial Interface Module Using Distributed Processing Techniques.Fourth International Conference on Digital Satellite Communications 1978, pp248-255.

[37]　D. Lombard: A Frequency Division Multiple Access Digital Data Transmission System Using Digital Speech Interpolation Equipment and A Viterbi Decoder. Fourth International Conference on Digital Satellite Communications 1978, pp306-311.

[38]　D. Seitzer: High Guality Digital Speech Interpolation methods.Proc. ICC′ 78 Vol III, pp50.2.1-5.

[39]　J. A. Sciulli: A Speech Predictive encoding Communication System for multichannel telephony.IEEE Trans.Commun.Vol.COM-21.1973, pp827-835.

[40]　J. M. Fraser.Overall Characteristics of a TASI System.BSTJ.Vol.41，No.4，1962.

[41]　H. Miedema: TASI Quality-Effect of Speech Detectors and Interpo lation.BSTJ Vol.41, No.4, 1962.

[42]　S. J. Campanella: Digital Speech Interpolation COMSAT TechnicaI Review.Vol.6, No.1, 1976, pp127-158.

[43]　S. J. Campanella: A Comparison of TASI and SPEC Digital Speech Interpolation Systems.Third International Conference on Digital Satellite Communications.

[44]　D. R. Smith: Operational Evaluation of a Voice Concentrator Over AUTOVON Interswitch Trunks.IEEE Trans.on Com，Vol.COM-30，No.4 1982, pp792-802.

[45]　D. Lombard: CELTIC Field Trial Results IEEE Trans，on Com.Vol.COM-30，No.4 1982, pp 808-815.

[46]　M. Hashimoto An Application of the Digital Speech Interpolation Technique to a PCM-TDMA Demand Assignment System.International Conference on Space and Communications 1971.

[47]　I. Poretti: Speech Interpolation Systems and Their Applications in TDM/TDMA System.International Conference on Digital Satellite Communications 1972.

[48]　K. Bullington: Engineering Aspects of TASI BSTJ Vol.38，No.2 1959 pp353-364 BSTJ Vol.41, 1962, pp1439-1473.

[49]　A Microprocessor Controlled 96/48 Digital Speech Interpolational Terminal.The fourth international Conf.On Digital Satellite Communications Montreal Canada 1978.10.

[50]　A Comparison of TASI and SPEC Digital Speech Interpolation System Proc.of the third International Conf.on Digital Satellite Communication，Kyoto Japan，

E 1 1959, 10.

[51] CCITT Period 1981-1984 COM XVIII-No.51（1981.5）.
KDD：关于数字语音插空系统特性的评论.

[52] A High-Gain DSI-ADPCM System International Conference on Acoustic，Speech and Signal Processing，Washington D.C 1970，12.

[53] T. R. Mcpherson PCM Speech Compression via ADPCM/TASI Proc.Int.Conf. Acoust，Speech and Signal Processing 1977, pp184-187, 1979, pp436-441.

[54] 蒋华蓉. 数字网基准钟设计的考虑《无线电通信技术》1980.5.

[55] 冀克平：抗衰落帧同步电子部第五十四所硕士研究生论文 1984.

[56] 吴巍：时间离散控制的相互同步系统研究电子部第五十四所硕士研究生论文 1985.

[57] 话音激活开关的性能标准《电信快报》1981.5.

[58] CCITT Period 1981-1984 COM XVIII-No.51、75、76、97、122.R10.

[59] CCTTT 1981 Study Group XVIII Delayed Contribution BB Temporary Document No.51.

[60] CCITT 1982 Study Group XVIII Delayed Contribution FH.FD.DY Temporary Document No.8.32.45.

[61] 复用转换器《国外电信技术》1978.10.

[62] FDM-TDM 复用转换设备研究《数字通信》1978.3.

[63] 复用转换设备《数字通信》1978.3.

[64] 张应中：数字信号处理技术在 PCM-FDM 复用转换设备中的应用《数字通信》1981.1.

[65] 一种 TDM-FDM 复用转换设备的研制《数字通信》1981.1.

[66] 复用转换器的设计《数字通信》1981.2.

[67] TDM-FDM 复用转换器的研制《数字通信》1981.3.

[68] 多级结构的 TDM-FDM 数字转换器《数字通信》1981.4.

[69] 数字 SSB-FDM 调制及解调的一种改进方法《数字通信》1981.4.

[70] 吴承志：ODFT 在 TDM/FDM 复用转换设备中的应用和实现《数字通信》1982.1.

[71] 复用转换设备论文专集 IEEE Transactions on Communications Vol COM-30，No.7 July 1982 （论文 l8 篇，《数字通信》译文）.

[72] 汤姆·拉斯加姆尔：回声严重吗?把它消除掉!《电话技术》1983.10（第一卷第二期）.

[73] F. K. Becker Application of Automatic Transversal Filters to the Problem of

Echo Suppression BSTJ Vol.45，No.10，December 1966, pp 1847-1850.

[74] J. R. Rosenberger and E.J.Thomas: Performance of an Adaptive Echo Canceller Operating is a Noisy，Linear，Time-Invariant Environment BSTJ.Vol.50, No.3，March 1971, pp785-813.

[75] E. J. Thomas An Adaptive Echo Canceller in a Nonideal Environment (Nonlinear or Time Variant)BSTJ.Vol.50，No.8 October，1971, pp2779-2795.

[76] E. J. Thomas Some Considerations on the Application of the Vol-terra Representation of Nonlinear Networks to Adaptive Echo Cancellers BSTJ Vol.50，No.8 October 1971, pp2797-2805.

[77] P. Rossiter and R.A.Chang（加拿大）Echo Control Considerations in an Integrated Satellite-Terrestrial Network Fourth International Conference on Digital Satellite Communication October 1978, pp207-211.

[78] R. Wehrmann:（西德）Suboptimum Gradient Methods for the Adjustment of Echo Cancellers in a Noisy Enviroment-[76], pp212-218.

[79] T. Araseki（日本）A Microprocessor Echo Canceller-[76], pp 219-224.

[80] M. M. Sondhi: A Self-Adaptive Echo Canceller BSTJ Vol.45，No.10 December 1966, pp1851-1854.

[81] M. M. Sondhi: An Adaptive Echo Canceller BSTJ Vol.46，No.3，March 1967, pp497-511.

[82] E. W. Holman and V.P.Suhocki:A New Echo Suppressor Bell Laboratories Record Vol.44，No.4 April, 1966 pp139-142.

[83] P. T. Brady and G.K.Helder: Echo Suppressor Design in Telephone Communications BSTJ. Vol.42, No.6, November 1963, pp2893-2917.

[84] R. R. Riesz and E.T.Klemmer: Subjective Evaluation of Delay and Echo Suppressors in Telephone Communications BSTJ Vol.42，No.6.November 1963, pp2919-2941.

[85] D. L. Richards, J.Hutter: Echo Suppressors for telephone connections having long propagation tims Proc.IEE Vol.116，No.6，June 1969, pp955-964.

[86] D. L. Duttweiler: A Single-Chip VLSI Echo Canceler BSTJ Vol.59，No.2 1980, pp149-160.

[87] P. F. Adams: Echo Cancellation Applied to Wal2 Digital Transmission in the Local Network IEE Conference Publication Number 193, pp201-204 1981.

[88] E. J. McDevitt: A Microprocessor-Based Adaptive Digital Echo Canceller NTC′80 56-4.

[89] N. Holte: A New Digital Echo Canceller for Two Wir Subscriber lines NTC′80 45-3.

[90] A. Miura A Blockless Echo Suppressor IEEE Transaction on CT Vol.COM-17，NO.4，August 1969, pp489-496.

[91] S. J. Campanella Analysis of An Adadtive Impulse Response Echo Canceller COMSAT Technical Review Vol.2，No.1 1972, pp1-38.

[92] 刘桂君. 自适应回波抵消器的理论分析与计算机模拟电子部第五十四所硕士研究生论文，1986.

[93] J. Raulin A 60 Channel PCM-ADPCM Converter IEEE Trans.Commun.Vol. COM-30，No.4，1982, pp567-573

[94] CCITT（1981-1984）COM XVIII-No.1.Questions Allocated to study Group XVIII for the period 1981-1984, pp115-128.

[95] CCITT Study Group XVIII.July 1983 Temporary Document No.8: AD HOC Group on 32kb/s ADPCM Algorithms-Report to the work of the Group.

[96] Horst Müller Bit Sequence Independence Through Scramblers in Digital Communication Systems NTZ-Communications Journal 1974 Heft 12, pp475-479.

[97] J. B. Buchner Ternary Line Codes Philips Telecommunication Review Vol.34，No.2，June 1976, pp72-86.

[98] 数字用户线专集 IEEE Transaction on Communications Vol.COM-29，No.11，November 1981.

[99] 李正福. 用户环路二线双向数字传输《国外电信技术》1978.5.

[100] 二线线路上的全双工数字通信《国外电信技术》1978.5.

[101] 数字用户传输系统的现状和发展趋势《电信交换》1984.2 原文,《研究实用化报告》第 31 卷，第 5 号.

[102] 数字用户系统与技术概述《国外电信技术》1984.6.

[103] Oscar Agazzi Large Scale Integration of Hybrid-Method Digital Subscraber Loops ISSLS 82, pp201-205.

[104] B. Aschrafi: Results of Experiments with a Digital Hybrid in Twowire Digital Subscriber Loops ISSLS 80, pp21-25.

[105] B. S. Bosik: The Case in Favor of Burst-mode Transmission for Digital Subscriber Loops ISSLS 80, pp26-30.

[106] J. P. Andry A Long Burst Time-shared Digital Transmission System for Subscriber Loops ISSLS 80, pp3l-35.

[107] M.G.Vry: The Design of A 1+1System for Digital Signal Transmission to the Subscriber ISSLS 80, pp36-40.

[108] Peter Kahl: Customer Access: Channel Structure and Signalling on A Digital Loop ISSLS 82, pp174-180.

[109] B Aschrafi: Field Trial Results of A Comparison of Time Separation Echo Compensation and Fou-wire Transmission on Digital Subscriber Loops ISSLS 82, pp181-185.

[110] J. O. Andersson: A Field Trial with Three Methods for Digital Two-wire Transmission ISSLS 82, pp186-190.

[111] T. Soejima Experimental Bi-directional Subscriber Loop Transmission System ISSLS 82, pp196-200.

[112] CCITT Stydy Group XVIII: Temporary Document No.26（P）Geneva 16-18 July 1986.

[113] Gero Schollmeier: The User Interface in the ISDN Siemens: telcom report Vol.8 April 1985 pp22-27.

[114] CCITT D.788/XVIII Genveva 8-15 July 86 EUTELSAT: EUTELSAT Considerations on LRE-DSI Characteristics for Digital Circuit Multiplication.

[115] CCITT Study Group XVIII Delayed Contribution DR Geneva 10-12 June 1982.

[116] CCITT Study Group XVIII Delayed Contribution EE Geneva 10-12 June 1982.

2. 参考书

[1] 清华大学通信教材编写组. 增量调制数字电话终端机. 人民邮电出版社, 1977.

[2] （瑞典）欧·鲍格斯特罗姆. 数字电话入门. 人民邮电出版社, 1980.

[3] 孙玉. 数字复接技术. 人民邮电出版社 1983.

[4] 塞缪尔·韦尔奇（英国）通信网的信号系统. 人民邮电出版社, 1982.

[5] J. E. 弗勒德, 等. 电信网. 人民邮电出版社, 1983.

[6] 孙玉. 数字网传输损伤. 人民邮电出版社, 1985.

[7] 邱守锽. 长途电话电路的传输质量. 人民邮电出版社, 1975.

[8] （英国）P.比兰斯基, D.G.W.英格兰姆. 数字传输系统. 人民邮电出版社, 1979.

[9] CCITT: Special Autonomous Group GAS3: Rural Telecommunications Geneva 1979.

[10] 国际电报电话咨询委员会：电话交换网传输规划《邮电设计技术》1978 10-11.

[11] 邬贺铨. PCM 通路音频性能. 人民邮电出版社，1987.

[12] 汪嘉颐. 网同步技术. 人民邮电出版社，1988.

[13] CCITT: Special Autonomous Group GAS9: Economic and Technical Aspects of the Transition from Analogue to Digital Telecommunication Networks Geneva 1984.

[14] 大岛信太郎：国际数据通信. 人民邮电出版社，1984.

[15] John C.Bellamy：数字电话. 人民邮电出版社，1986.

[16] CCITT: Special Autonomous Group GAS-8: Economic and Technical Impact of Implementing a Regional Satellite Network Geneva 1983.

3. CCITT 有关建议

[1] G.711 音频脉冲编码调制（PCM）.

[2] G.731 音频基群 PCM 复用设备.

[3] G.732 2048kbit/s 基群 PCM 复用设备特性.

[4] G.733 1544kbit/s 基群 PCM 复用设备特性.

[5] G.735 提供 384kbit/s 数字接口和 64kbit/s 同步数字接口的 2048kbit/s 基群 PCM 复用设备特性.

[6] G.736 2048kbit/s 同步数字复接器特性.

[7] G.737 提供 384kbit/s 数字接口及 64kbit/s 同步数字接口的外接续设备的特性.

[8] G.741 二次群数字复接器总体考虑.

[9] G.742 采用正码速调整的 8448kbit/s 二次群数字复接器.

[10] G.744 8448kbit/s 二次群 PCM 复用设备.

[11] G.751 采用正码速调整的 34 368kbit/s 三次群和 139 264kbit/s 四次群数字复接器.

[12] G.811 用于国际数字链路准同步运行的基准时钟和网络节点的输出定时要求.

[13] I.430 基本用户/网络接口第一层规范.

[14] I.460 复用、速率适配和现有接口的支持.

[15] G.791 复用转换设备总体考虑.

[16] G.792 复用转换设备的共同特性.

[17] G.793 60 路复用转换设备的特性.

[18] G.721 32kbit/s 自适应差分脉冲编码调制（ADPCM）.

[19] G.761 60 路编码变换设备的总体特性.

[20] G.131 稳定性与回波.

[21] G.164 回波抑制器.

[22] G.165   回波消除器.

[23] G.703   系列数字接口的物理和电气特性.

[24] G.802   采用不同技术的数字通路间的互通.

[25] G.922   工作在 564 992kbit/s 同轴线对上的数字线路系统.

[26] V.22   在普通交换电话网和租用电路上使用的标准 1200bit/s 双工数传机.

[27] V.27   在租用电话电路上使用的带人工均衡器的标准 4800bit/s 数传机.

[28] V.27bis 在租用电话电路上使用的带自动均衡器的标准 4800/2400bit/s 数传机.

[29] V.27tex 在普通交换电话网中使用的标准 4800/2400bit/s 数传机.

[30] V.30   在点对点四线租用电话电路上使用的标准 9600bit/s 数传机.

[31] V.35   使用 60～108kHz 基群电路的 48kbit/s 数据传输.

[32] V.36   使用 60～108kHz 基群电路进行同步数据传输的数传机.

[33] V.37   使用 60～108kHz 基群电路以高于 72kbit/s 数据速率进行的数据传输.

[34] I.410   与 ISDN 用户/网络接口建议书有关的概貌和原则.

[35] I.411   ISDN 用户/网络接口——参考配置.

[36] I.412   ISDN 用户/网络接口——通路结构和接续能力.

[37] I.420   基本用户/网络接口.

[38] I.421   基群用户/网络接口.

[39] I.430   基本用户/网络接口——第一层规范.

[40] I.431   基群用户/网络接口——第一层规范.

[41] I.43X   高次群用户/网络接口.

[42] I.460   复用、适配和对现有接口的支持.

[43] I.464   速率适配、复用和对受限制 64kbit/s 传递能力的现有接口的支持.

全集出版后记

我作为人民邮电出版社 50 年的读者和作者，以十分敬佩和感恩的心情祝贺人民邮电出版社成立 60 周年。

从 1962 年起，我就是人民邮电出版社受益丰厚的读者；从 1983 年出版专著《数字复接技术》起，直到 2007 年出版专著《电信网络总体概念讨论》，又成了人民邮电出版社的备受关照的作者。可以说，在这 50 年间，我与人民邮电出版社结下了不解之缘；与那些敬业奉献的编辑们，从白发苍苍的长辈到风华正茂的后生，建立了深厚的感情。我从内心感谢他们，敬佩他们。

可以确切地说，人民邮电出版社为我国电信技术发展建立了实实在在的不朽功勋。祝愿人民邮电出版社繁荣昌盛。

中国电子科技集团公司
第 54 研究所研究员
中国工程院院士 孙玉
2013 年 7 月 1 日

衷心感谢人民邮电出版社为我出版这套全集。

这套全集与人民邮电出版社有几十年的缘分。因此，我想用我为人民邮电出版社成立 60 周年纪念册《历程》的题词，作为全集出版的后记。

我作为人民邮电出版社 50 年的读者和作者，以十分敬佩和感恩的心情祝贺人民邮电出版社成立 60 周年。从 1962 年起，我就是人民邮电出版社受益丰厚的读者；从 1983 年出版专著《数字复接技术》起，直到 2007 年出版专著《电信网络总体概念讨论》，又成了人民邮电出版社备受关照的作者。可以说，在这五十年间，我与人民邮电出版社结下了不解之缘；与那些敬业奉献的编辑们，从白发苍苍的长辈到风华正茂的后生，建立了深厚的感情。我从内心感谢他们，敬佩他们。确切地说，人民邮电出版社为我国电信技术的发展建立了实实在在的不朽功勋。祝愿人民邮电出版社繁荣昌盛！

感谢人民邮电出版社对于我国电信技术发展的支持和贡献！敬佩沈肇熙先生、李树岭编辑、梁凝编辑、杨凌编辑四代编辑的敬业精神和专业水平！感谢邬贺铨院士为我的全集作序！